普通高等院校应用型本科"十四五"规划教材

C 语言程序设计案例式教程

主　编：胡亚南　武　昆

副主编：杨　娜　马　翔　高菲菲

天津大学出版社

TIANJIN UNIVERSITY PRESS

内容提要

本书采用案例式教学模式,激发学生学习兴趣,以思政案例编程为主线,辅以理论指导。案例编排从易到难、循序渐进,达到"学中练、练中学、以练促学、知行合一"的目的。

全书共 9 个章节,其中包括 C 语言程序设计概述、数据类型与运算符、顺序结构、选择结构、循环结构、函数、数组、指针、结构体和共用体。每个章节依据知识结构层次设计案例,将传道授业解惑与立德树人有效结合,遵循【案例导入】→【相关知识】→【案例实现】→【案例延伸】的模式,将思政元素有效融入知识传授过程中,实现专业教育和思政教育同向同行。

本书可作为应用型本科、高等职业院校相关专业的教材,亦可作为计算机爱好者的自学工具书。

图书在版编目(CIP)数据

C语言程序设计案例式教程 / 胡亚南,武昆主编;
杨娜,马翔,高菲菲副主编. -- 天津: 天津大学出版社,
2022.4 (2024.7重印)
普通高等院校应用型本科"十四五"规划教材
ISBN 978-7-5618-7156-0

Ⅰ.①C… Ⅱ.①胡… ②武… ③杨… ④马… ⑤高…
Ⅲ.①C语言－程序设计－高等学校－教材 Ⅳ.
①TP312.8

中国版本图书馆CIP数据核字（2022）第069367号

出版发行	天津大学出版社
地　　址	天津市卫津路92号天津大学内(邮编:300072)
电　　话	发行部:022-27403647
网　　址	www.tjupress.com.cn
印　　刷	廊坊市海涛印刷有限公司
经　　销	全国各地新华书店
开　　本	185mm×260mm
印　　张	12.75
字　　数	318千
版　　次	2022年4月第1版
印　　次	2024年7月第2次
定　　价	39.00元

前　言

2020 年,教育部印发《高等学校课程思政建设指导纲要》,要求各类课程应以隐性教育方式配合思政课的显性教育方式,彼此协同,帮助学生塑造正确的世界观、人生观、价值观,构建全员全程全方位育人大格局,落实"立德树人"根本任务。教材是教学过程的重要载体,是学生学习的重要工具。要利用好课堂教学的主渠道,将专业知识与思政元素融合,在知识传授过程中培养学生的工匠精神、人文素养、家国情怀和社会主义核心价值观,促进学生身心和人格的健康发展。

本书正是在课程思政建设大背景下,结合高等教育改革发展新趋势,将专业教育与思政教育进行融合,以思政案例编程为主线、辅以理论指导,使学生在动手实践编程过程中完成理论学习,并主动感悟提高自身品德素养。全书内容通俗易懂,知识传授和案例编排由浅入深,案例算法分析详细透彻,流程图逻辑清晰,程序代码注释完整,能够帮助学生和读者培养编程能力和逻辑思维能力。本书以思政案例为出发点,引入解决案例的相关基础知识,再以任务驱动的方式激发学生的学习激情,将传道授业解惑与"立德树人"有效结合,让课堂成为传授专业知识和孕育优秀共产主义接班人与建设者的圣地。

本书共分为 9 个章节,具体内容如下。

第 1 章:通过《中国芯》《〈劝学〉诗》等案例介绍了 C 语言的发展历程、Visual C++6.0 和 Dev C++ 编译软件的操作方法,完成第一个 C 语言程序的开发。

第 2 章:通过《祖率》《千里之堤,溃于蚁穴》《勤工俭学》等案例讲解数据类型与运算符,包括基本数据类型、运算符与表达式,使读者能够掌握 C 语言中数据类型及运算符的相关知识。

第 3 章:通过《货币兑换》《人机交互》《平台购物》等案例讲解顺序结构,包括算法概念、程序流程图、数据输入与输出、顺序结构等,使读者能够掌握 C 语言中数据输入输出、顺序结构的相关知识。

第 4 章:通过《体重指数》《阶梯电价》《垃圾分类》《龟兔赛跑》等案例讲解选择结构,包括 if 语句、switch 语句等,使读者能够掌握选择结构的相关知识和使用方法。

第 5 章:通过《慈善募捐》《棋盘麦粒》《百钱买百鸡》《植树造林》等案例讲解循环结构,包括 while、do...while、for 三大循环语句、嵌套循环结构及流程转移语句,使读者能够掌握循环结构和特殊语句的使用方法。

第 6 章:通过《平时成绩》《乌鸦喝水》《兔子数列》《购物结算》等案例讲解函数,包括函数的定义、声明、调用、嵌套及数据传递等知识,使读者能够掌握函数的使用方法。

第 7 章:通过《最美教师》《成绩排序》等案例讲解数组,包括一维数组、二维数组、字符数组的相关知识,使读者能够掌握数组和字符串的相关知识。

第 8 章:通过《手术室在哪里》《硬币游戏》《门诊预约》等案例讲解指针,包括指针的定义及基本操作、指针变量做函数参数、指针对字符串的输入输出操作,使读者能够熟练掌握指针的使用方法。

第 9 章:通过《药费计算》《记录电话费》等案例讲解结构体和共用体,包括结构体变量的定义、初始化和引用、结构体数组,共用体变量的定义、初始化和引用,使读者能够熟练掌握结构体和共用体的使用方法。

本书最大的特色是各个章节案例始终贯穿"专业教育与思政教育有机融合"的模式,实现专业培养和德育提升同向同行。"案例延伸"模块是将案例和知识传授中体现的思政元素进行升华,使读者获得更深层次的领悟和感知,具有画龙点睛的作用。

本书由西京学院胡亚南、杨娜、武昆、马翔、高菲菲共同撰写完成,其中胡亚南负责第 4 章、第 5 章、第 6 章的撰写,杨娜负责第 1 章、第 2 章的撰写,高菲菲负责第 3 章的撰写,武昆负责第 8 章、第 9 章的撰写,马翔负责第 7 章的撰写,全书由胡亚南统稿。

西京学院巨春飞、时培军等教师为教材的编写提出许多宝贵的意见、资源及思政挖掘,在此一并向他们表示衷心的感谢。

由于编者水平有限,书中难免存在疏漏、欠妥和不足之处,欢迎广大师生和读者提出宝贵意见,我们将不胜感激。您在阅读本书时,如发现任何问题或不足之处,可通过电子邮件与我们联系,我们会积极对本书进行修订和补充。请发电子邮件至 2664961273@qq.com。

编　者
2021 年 11 月

目　录

第1章 C语言程序设计概述

学习目标

知识目标

（1）了解 C 语言的发展历程和特点。

（2）了解 C 语言的主流开发工具。

（3）熟悉 Visual C++6.0 与 Dev C++ 的安装和使用方法。

（4）掌握 C 语言简单程序的编写和运行方法。

技能目标

（1）能够安装 Visual C++6.0 和 Dev C++。

（2）能够熟练使用 Visual C++6.0 和 Dev C++。

（3）能够完成 C 语言简单程序的编写和运行。

素质目标

（1）具有严谨细致、一丝不苟、精益求精的工匠精神。

（2）能够树立崇高的职业理想和社会使命感。

（3）具有《劝学》中珍惜大好时光、勤奋学习、有所作为的学习精神。

学习重点、难点

重点

（1）掌握 Visual C++6.0 与 Dev C++ 的安装和使用方法。

（2）掌握 C 语言简单程序的编写和运行方法。

难点

（1）掌握 Visual C++6.0 与 Dev C++ 的安装和使用方法。

（2）掌握 C 语言简单程序的编写和运行方法。

案例1 中国芯

案例导入

芯片是集成电路的载体，被广泛应用于汽车、航空、电信、金融等各个领域，是一个国家现代工业和高端技术水平的体现。但是,我国芯片长期依赖进口,自主研发和创新不够。根据海关总署数据,截至 2017 年 10 月底,我国集成电路进口金额已高达 2071.97 亿美元,同比上涨 14.5%。同期,中国原油进口额为 1315.01 亿美元,中国芯片进口额约是原油进口额的 1.58 倍。如果美国切断中国芯片供给,将会给国内电子产业造成巨大冲击,甚至影响部分企业的正常生产。"中国芯"工程是在工信部主管部门和有关部委司局的指导下,由中国电子工业科学技术交流中心联合国内相关企业开展的集成电路技术创新和产品创新的工程,旨在打造中国集成电路高端公共品牌,以解决芯片"卡脖子"问题。芯片的研发离不开程序语言,所以我们要认真学习计算机编程语言,为祖国的腾飞、中国梦的实现努力进取。

相关知识

1. 程序设计语言

程序设计语言是人与计算机之间通信的语言,又称计算机语言。计算机语言的种类很多,根据功能和实现方式大致分为三大类,即机器语言、汇编语言和高级语言。

（1）机器语言。用二进制代码指令表达,不需要翻译就能直接被计算机识别的语言称为机器语言。机器语言具有运算效率高,可移植性差,不便于记忆和识别等特点。

（2）汇编语言。汇编语言是用英文字母和数字表示指令的计算机语言,又称符号语言。汇编语言具有效率高,十分依赖机器硬件,可移植性不好等特点。

（3）高级语言。高级语言是一种接近人类自然语言的程序设计语言。高级语言具有易于理解、记忆和使用,可移植性良好等特点。

2. C 语言的发展历程

由于汇编语言程序依赖计算机硬件,可读性和可移植性不好,而一般的高级语言难以实现对计算机硬件的直接操作,于是人们开发出了兼有汇编语言和高级语言特性的 C 语言。

1963 年,剑桥大学将 ALGOL60 语言发展成为 CPL(Combined Programming Language) 语言;1967 年,剑桥大学的马丁•理查兹 (Martin Richards) 对 CPL 语言进行了简化,于是开发了 BCPL 语言;1970 年,美国贝尔实验室的肯•汤普森 (Ken Thompson) 对 BCPL 语言进行了修改,并将其命名为"B 语言",其含义是将 CPL 语言煮干,提炼出它的精华,之后他用 B 语言重写了 UNIX 操作系统;1973 年,美国贝尔实验室的丹尼斯•里奇 (Dennis M.Ritchie) 在 B 语言的基础上设计出了一种新的语言,他取了 BCPL 的第二个字母作为这种语言的名字,即 C 语言;1978 年,布赖恩•凯尼汉 (Brian W.Kernighan) 和丹尼斯•里奇 (Dennis M. Ritchie) 出版了第一版 *The C Programming Language*,从而使 C 语言成为目前世界上流传最广泛的高级程序设计语言。

3. C 语言的特点

C 语言的诸多优势使得它迅速发展,并得到了广泛的应用。归纳起来,C 语言主要具有下列特点。

（1）简洁紧凑、灵活方便。C 语言一共有 32 个关键字,9 种控制语句,程序书写形式自由,区分大小写。C 语言结合了高级语言的基本结构和语句及低级语言的实用性。C 语言可以像汇编语言一样对位、字节和地址进行操作,这三者是计算机最基本的工作单元。

（2）运算符丰富。C 语言共有 34 种运算符。C 语言把括号、赋值、强制类型转换等都作为运算符处理,使得 C 语言的运算类型极其丰富,表达式类型多样化,可以实现在其他高级语言中难以实现的运算。

(3)数据结构丰富。C 语言的数据类型有整型、实型、字符型、数组类型、指针类型、结构体类型、共用体类型等,能用来实现各种复杂数据类型的运算。指针数据类型的引入使程序效率更高。另外,C 语言具有强大的图形功能,支持多种显示器和驱动器,且计算功能、逻辑判断功能强大。

(4)允许直接访问物理地址,直接对硬件进行操作。C 语言允许直接访问物理地址,直接对硬件进行操作,因此既具有高级语言的功能,又具有低级语言的许多功能,能像汇编语言一样对位、字节和地址进行操作,可以用来写系统软件。

(5)可移植性好。在不同机器上的 C 语言编译程序,其 86% 的代码是公共的,因此 C 语言的编译程序便于移植。

(6)生成目标代码质量高,程序执行效率高。C 语言描述问题比汇编语言迅速,工作量小,可读性好,易于调试、修改和移植,而代码质量与汇编语言相当。C 语言一般只比汇编程序生成的目标代码效率低 10%~20%。

虽然 C 语言具有很多优点,但和其他任何一种程序设计语言一样,它也有自身的缺点,如数据的封装性不好、对平台库依赖较多、语法限制不太严格等。但总体来说,C 语言的优点远远超过了它的缺点。

案例延伸

我们通过中美贸易战,不难发现,要实现祖国的腾飞、实现中国梦,要有自己的知识产权,有自己的知识产权就要求我们学习科学文化知识,并将其应用于生活实践。让我们认真学习 C 语言程序设计,开启充满趣味和挑战的程序设计之旅。

案例 2　C 语言开发环境

案例导入

"工欲善其事,必先利其器。"这句话出自《论语》,是孔子的名言。孔子告诉子贡,一个做手工或工艺的人,要想把工作完成,做得完善,应该先把工具准备好。同样,要学好 C 语言程序设计,首先要掌握 C 语言程序的使用,下面我们来学习 Visual C++6.0 和 Dev C++ 的使用。

相关知识

1. Visual C++6.0 开发平台

Visual C++6.0 是微软公司推出的 32 位 C/C++ 开发平台,是标准的 Windows 应用程序。使用 Visual C++6.0 平台开发 C 语言程序的主要步骤如下。

1）运行 Visual C++6.0

安装好 Visual C++6.0 后，可以通过 Windows 开始菜单或者桌面快捷键，启动 Visual C++6.0。

2）新建一个工程

在 Visual C++6.0 中以工程为单位开发 C 语言程序。每个工程可以包含一个或多个 C 语言源程序文件，其中只有一个 C 语言源程序文件中包含 main 函数。

选择 Visual C++6.0 的文件主菜单中的新建菜单项，将会弹出新建工程对话框，可以选择各种开发类型的应用程序，本书通过 Win32 Console Application 类型的工程演示程序开发。

在对话框的右边"位置"中选择工程创建的位置，在"工程名称"文本框输入工程名称，如图 1-1 所示。

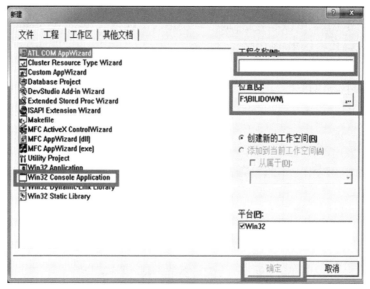

图 1-1　新建一个工程

最终 Visual C++6.0 会在"位置"指定的位置创建以工程名称命名的文件夹，工程所有的文件都位于这个文件夹中。当单击"确定"按钮后，将有向导引导创建这个工程的基本文件。在向导的第一步，选择"一个空工程"，然后单击"完成"按钮，这将创建一个没有任何源程序文件的空工程，如图 1-2 所示。

3）创建一个 C 语言源程序文件

当空工程创建完成后，可以在 Visual C++6.0 集成环境的左边以文件视图方式显示的工程工作空间中查看目前工程包含的文件情况，这时没有包含任何文件。创建一个 C 语言源程序文件，单击"文件|新建"，在弹出的对话框中选择 Visual C++ 选项下的文件，单击"C++ Source File"选项，输入文件名称及保存位置，如图 1-3 所示。

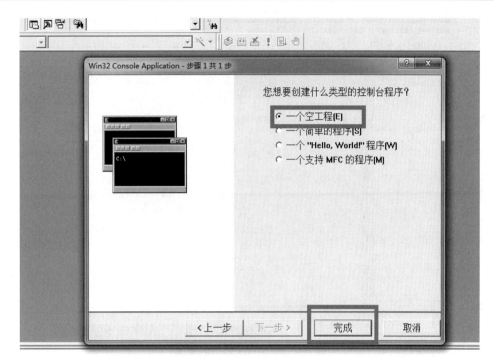

图 1-2　创建一个空工程

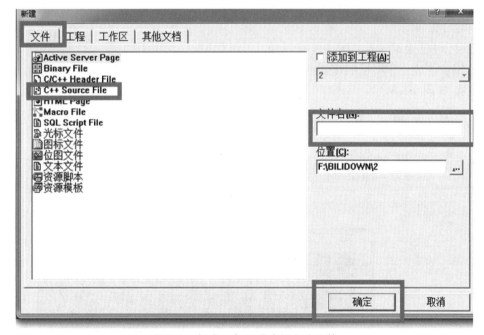

图 1-3　新建一个 C 语言源程序文件

4）编译、链接工程文件

在新添加的 hello.c 源程序文件中输入和编辑源程序完毕后，在主菜单中选择"调试"相应完成对源程序的编译和链接工作，如图 1-4 所示。

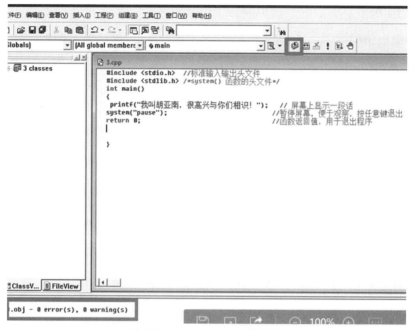

图 1-4　Visual C++6.0 的编译

　　编译过程中如果出现语法错误,则应进行修改,然后再编译、运行程序,直到不再提示编译失败。如果不出现错误,会得到一个后缀为 .exe 的可执行文件。

　　5)运行程序

　　当编译、链接都正确完成后,可以单击"运行"按钮运行刚生成的应用程序。Visual C++6.0 将会生成一个对应的进程和一个对应的窗口,在窗口中可看到程序运行输出到屏幕上的信息,如图 1-5 所示。

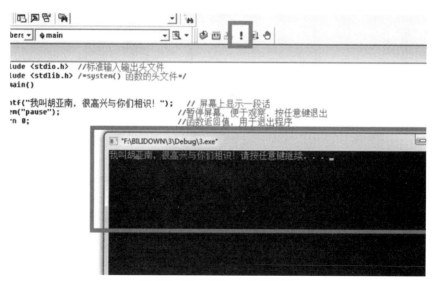

图 1-5　Visual C++6.0 的执行

2. 使用 Dev C++ 编译系统开发 C 语言程序

Dev C++ 是 Windows 平台上的 C/C++ 编译系统,其内置的是 GCC 编译器。使用 Dev C++ 平台开发 C 语言程序的主要步骤如下。

1）运行 Dev C++

通过 Windows 开始菜单或者桌面快捷键启动 Dev C++。

2）新建一个工程

选择 Dev C++ 的"文件 | 新建 | 项目"菜单项,将会弹出"新项目"对话框,如图 1-6 所示。

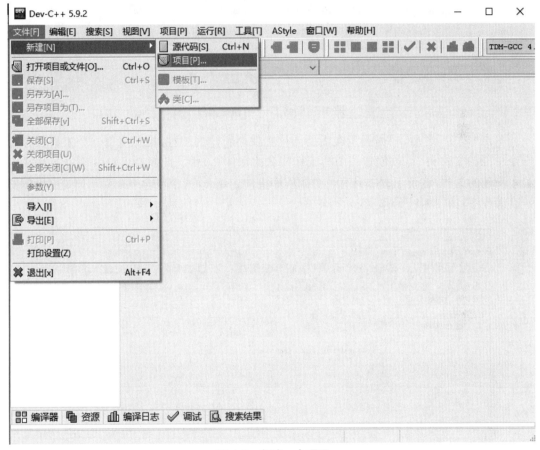

图 1-6　新建一个项目

本书只通过 Console Application 类型的工程演示程序的开发。选择"Console Application",在对话框的左下的工程名称文本框中输入工程的名称,如图 1-7 所示。

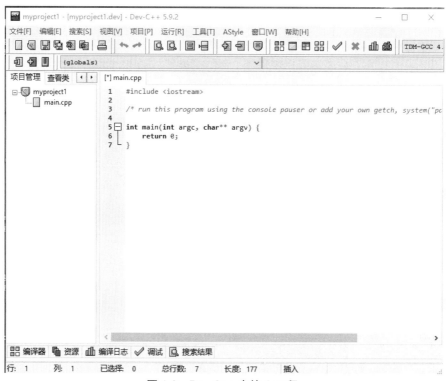

图 1-7　Dev C++ 中新建项目

　　单击"确定"之后,根据提示在需要的位置保存新建的工程,推荐将每一个工程保存在一个单独的文件夹(可以创建一个与工程同名的文件夹)中。此时 Dev C++ 会在工作区中显示新建的工程,这个工程中具有一个源程序文件 main.c,其中包含一个简单但是完整的 C 语言源程序,如图 1-8 所示。

图 1-8　Dev C++ 中的 C 工程

3）编译、链接工程文件

可以在 main.c 基础上编辑或修改源程序。编辑完毕后选择 Dev C++"运行 | 编译"菜单项，完成对源程序的编译和链接工作，这些工作也可以通过工具栏上的相应快捷键按钮完成，如图 1-9 所示。

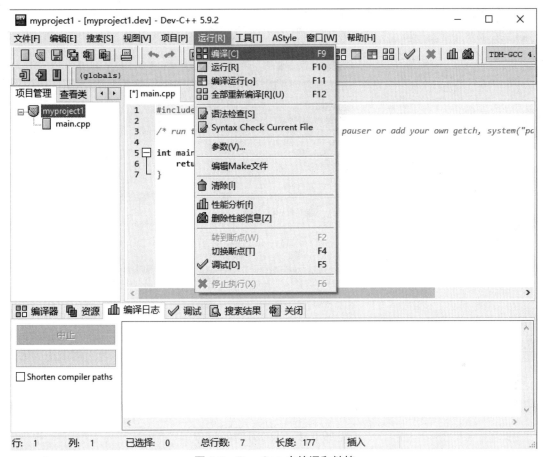

图 1-9　Dev C++ 中编译和链接

4）运行程序

当编译、链接都正确完成后，选择 Dev C++"运行 | 运行"菜单项，运行生成的应用程序，Dev C++ 将会生成一个对应的进程和一个对应的窗口，在窗口中可看到程序运行输出到屏幕上的信息。或者选择"运行 | 编译运行"菜单项，完成源程序编译、链接及运行程序的工作，如图 1-10 所示。

案例延伸

"工欲善其事，必先利其器"，在以后的学习和工作中，一定要掌握过硬的本领和专业知识，同时为了实现理想、愿望以及完成某件事情，做好充分的准备。

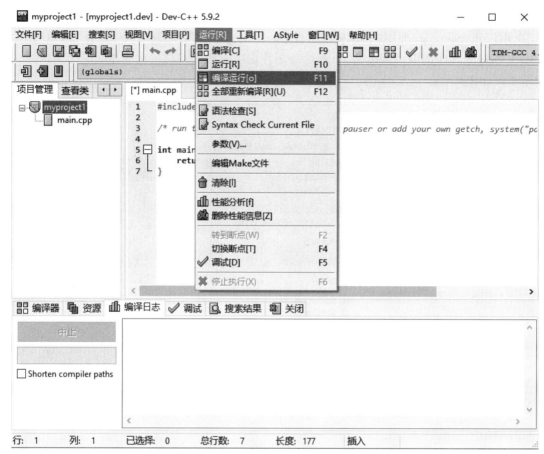

图 1-10   Dev C++ 中运行程序

案例 3 《劝学》诗

案例导入

颜真卿 3 岁丧父,家道中落,母亲殷氏对他寄予厚望,实行严格的家庭教育,亲自督学。颜真卿也格外勤奋好学,每日苦读。为了勉励后人,颜真卿作了《劝学》这首诗。劝勉青少年要珍惜少壮年华,勤奋学习,有所作为,否则,到老一事无成,悔之晚矣。请编写第一个程序,内容为《劝学》这首诗。

《劝学》

三更灯火五更鸡,正是男儿读书时。

黑发不知勤学早,白首方悔读书迟。

相关知识

为了对 C 语言程序有个初步的认识,先看一个简单的 C 程序:

```
# include < stdio. h>                    // 标准输入 / 输出函数的头文件
# include < stdlib. h>                   // system() 函数的头文件
int main( )                              // 主函数
printf(" 我的第一个 C 程序 \n");          // 在屏幕上显示一句话
system ("pause");                        // 暂停屏幕 , 便于观察结果 , 按任意键退出
return 0;                                // 退出程序
```

程序说明如下。

1.C 程序基本组成结构

```
# include < stdio. h>    // 包含头文件
int main( )              // 主函数首部
{                        // {} 之间的代码为主函数体
    变量声明语句 ;
    执行语句序列 ;
    return 0;
}
```

2. 预处理命令 (包含头文件)

C 语言本身不提供输入输出语句。输入输出的操作是通过调用库函数 printf() 和 scanf() 等完成的。在使用 printf() 和 scanf() 时,需要使用预处理命令 # include < stdio. h> 或 #include "stdio. h"。

3.main 函数

C 语言程序由函数构成。一个 C 语言程序至少包含一个 main 函数 (又称主函数),也可以包含一个 main 函数和若干个其他函数。函数是 C 语言程序的基本单位。一个 C 语言程序总是从 main 函数开始执行,而不论其在程序中的什么位置。

4. 函数的组成

C 语言函数由函数首部和函数体两部分组成。

（1）函数首部是函数的第一行,一般包括函数类型、函数名、圆括号和函数参数 (整型可以缺省),如 int main() 可写为 main()。

（2）函数体是函数首部下一对“{}”括起来的部分。函数体一般包括声明部分 (定义本函数所使用的变量) 和执行部分 (由若干条语句组成的命令序列)。

5. 程序书写格式

（1）所有语句都必须以“;”结束。

（2）程序行的书写格式自由,一行可以写多条语句,一条语句也可分写在多行上。

6. 注释

可以使用“/* ... * /”和“//”对 C 语言程序中的任何部分进行注释。注释内容不会被编译器编译。注释可提高程序的可读性,使用注释是编程人员的良好习惯。

（1）"/*...*/"是块注释,可注释多行,"/ *"和"* /"必须成对出现,将注释内容括起来,且"/"和"*",以及"*"和"/"之间不能有空格,否则会出错。

（2）"//"是行注释,只注释当前行。

案例实现

1. 代码编写

为了让读者对 C 语言编程有一个简单的了解,在图 1-8 的编辑区中编写程序,具体代码如下:

```c
#include <stdio.h>                                    // 标准输入 / 输出函数的头文件
int main()                                            // 主函数
{
    printf(" 我的第一个程序: \n");                    // 在屏幕上输出
    printf("\t《劝学》\n \n");                        // 在屏幕上输出
    printf(" 三更灯火五更鸡,正是男儿读书时。\n\n");   // 在屏幕上输出
    printf(" 黑发不知勤学早,白首方悔读书迟。\n\n");   // 在屏幕上输出
    return 0;                                          // 主函数返回值
}
```

针对案例程序中的语法进行详细讲解,具体如下。

（1）第 1 行代码的作用是进行相关的预处理操作。其中字符"#"是预处理标志,用来对文本进行预处理操作, "include" 是预处理指令,它后面跟着一对尖括号,表示头文件在尖括号内读入。"stdio.h" 是标准输入输出头文件,由于在代码 4~7 行用到了 printf() 输出函数,所以需加此头文件。

（2）第 2 行代码声明了一个 main() 函数,该函数是程序的入口,每一个 C 程序必须有且仅有一个 main() 函数,程序总是从 main() 函数开始执行的。第 4~8 行代码"{}"中的内容是函数体,程序的相关操作都要写在函数体中。

（3）第 4~7 行代码调用了一个用于格式化输出的函数 printf(),该函数用于输出一行信息,可以简单理解为向控制台输出文字或符号等。printf() 函数括号中的内容称为函数的参数,括号内可以看到输出的字符串"《劝学》\n ", 其中"\n"表示换行操作,它不会输出到控制台。

（4）第 8 行代码中 return 语句的作用是将函数的执行结果返回,后面紧跟着函数的返回值,返回值一般用 0 或 -1 表示,0 表示正常,-1 表示异常。

值得一提的是,在 C 语言程序中,以分号";"作为结束标记的代码都可称为语句,如第 4 行到第 8 行代码都是语句,被"{}"括起来的语句被称为语句块。

2. 程序仿真

《劝学》程序编写完成并保存后,就可以对《劝学》程序进行编译和运行。选择"调试 | 开始执行 (不调试) 选项",或者直接使用快捷键 Ctrl+F5 运行程序,程序运行后,会弹出命令行窗口并在该窗口输出运行结果,如图 1-11 所示。

图 1-11　运行结果

至此,便完成了《劝学》程序的创建、编写及运行过程。读者在此只需有个大致印象,后面将会继续讲解如何使用 Visual Studio 开发工具编写 C 语言程序。

案例延伸

青少年要珍惜少壮年华,勤奋学习,有所作为,否则,到老一事无成,悔之晚矣。

本章小结

本章介绍了 C 语言的发展历程和特点、Visual C++6.0 和 Dev C++ 开发环境的搭建及如何开发《劝学》诗的程序。通过本章的学习,读者应该对 C 语言的发展和特点有一个更深的认识,并掌握如何搭建 C 语言相应的开发环境及开发一个简单的 C 语言程序。

课后练习

一、选择题

1. 一个 C 语言程序的运行是从（　　　）。

A. 第一个函数开始,到 main 函数结束　　　　B.main 函数开始,到最后一个函数结束

C. 第一个函数开始,最后一个函数结束　　　　D.main 函数开始,到 main 函数结束

2. C 语言源文件的后缀一般是（　　　）。

A. .c　　　　　　　　B. .txt　　　　　　　　C. .exe　　　　　　　　D. .obj

3. 下面关于 C 语言程序描述不正确的是（　　　）。

A. 每一个语句和数据定义的最后必须有分号

B. 一个 C 语言程序的书写格式要严格,一行只能写一个语句

C.C 语言本身没有输入 / 输出语句

D. 一个 C 语言程序总是从 main() 函数开始执行的

4. 以下叙述错误的是（　　　）。

A.C 语言程序中注释部分可增加程序的可读性

B. 主函数后面的一对圆括号不能省略

C.C 语言中定义语句用";"结束

D. 分号是 C 语言语句之间的分隔符,不是语句的一部分

5. 一个 C 语言程序由(　　　)。

A. 一个主程序和若干子程序组成   B. 函数组成

C. 若干过程组成   D. 若干子程序组成

二、程序题

安装 Dev C++ 或 Visual C++6.0,编写程序,实现在屏幕上显示"鸟欲高飞先振翅,人求上进先读书"。

第2章 数据类型与运算符

学习目标

知识目标

（1）掌握 C 语言的数据类型。

（2）掌握 C 语言的常量、变量的定义。

（3）掌握不同数据类型间的转换。

（4）掌握各种运算符的使用规则。

（5）掌握运算符的优先级。

技能目标

（1）能够运用算术运算符、赋值运算符、逗号运算符、逻辑运算符、关系运算符、条件运算符及其表达式解决实际问题。

（2）能够运用运算符的优先级与结合性的思想解决实际问题。

（3）能够掌握 C 语言表达式的语法。

素质目标

（1）具有严谨细致、一丝不苟、精益求精的工匠精神。

（2）能够弘扬中国传统文化,树立文化自信。

（3）具有刻苦钻研、勇于探索的科学精神。

（4）具有勤俭节约、勤奋踏实的中华传统美德。

学习重点、难点

重点

（1）掌握变量的定义和基本使用规则。

（2）掌握自增、自减运算符的实际应用。

（3）掌握算术运算符、赋值运算符、逗号运算符、逻辑运算符、关系运算符、条件运算符及其表达式的语法、功能及实际应用。

难点

（1）掌握变量的定义和基本使用规则。

（2）掌握运算符的语法、功能及实际应用。

（3）能将数学表达式写成合法的 C 语言表达式。

案例 1　祖率

案例导入

祖冲之自幼喜欢数学,在父亲和祖父的指导下学习了很多数学方面的知识。一次,父亲从书架上给他拿了一本《周髀算经》。书中讲道圆的周长为直径的 3 倍。于是,他就用绳子量车轮,进行验证,结果却发现车轮的周长比车轮直径的 3 倍还多一点。他又去量盆子,结果还是一样。他想圆的周长并不完全等于直径的 3 倍,那么圆的周长究竟比 3 个直径长多少呢？祖冲之在刘徽创造的用"割圆术"求圆周率的科学方法基础上,运用开密法,经过反复演算,求出圆周率为：3.141 592 7> π >3.141 592 6。这是当时世界上最精确的数值,他也成为世界上第一个把圆周率的准确数值计算到小数点以后第 7 位的人。圆周率是祖冲之在数学上的一项杰出贡献,因此国内外数学史家把π叫作"祖率"。在圆的周长和面积计算中要使用祖率,下面我们编写求取圆周长和面积的程序。

相关知识

1. C 语言的标识符

用于标识名称的有效字符串称为标识符。C 语言标识符只能由 26 个英文字母(大写或小写)、数字(0~9)、下画线(_)和美元符号($)组合而成,且不能以数字开头。

1)标识符的分类

C 语言的标识符分为关键字、预定义标识符、用户自定义标识符三类,如表 2-1 所示。

表 2-1　C 语言标识符分类

分类	作用
关键字	具有特定含义和专门用途的字符。不能另作他用,只能小写。 例如：int、float、char、for…
预定义标识符	预先定义并具有特定含义的标识符,不建议他用。 例如：预处理命令 #include,库函数 printf、scanf
用户自定义标识符	由用户根据需要而自由定义的标识符。 用于给常量、变量、函数、数组、文件等命名

2)标识符命名规则

(1)只能由字母、数字、下画线、美元符号等组成,且首字符不能是数字,可以是字母、下画线或美元符号。

(2)用户自定义的标识符不能与关键字同名,即不能将关键字用作变量名、函数名等,最好也不要与预定义标识符同名。

（3）C 语言严格区分大小写字母。例如：SUM、sum、Sum 代表不同的标识符。

（4）命名时一般要"见名知意"，增强程序的可读性，例如使用 userName 表示用户名、password 表示密码等。

（5）命名规则尽量统一。标识符由一个英文单词组成，使用小写字母；由两个以上单词组成，第一个单词用小写，从第二个单词开始，每个单词首字母大写（驼峰命名法）；每个单词的首字母都大写（Pascal 命名法）；以一个或者多个表示数据类型的小写字母开头作为前缀，前缀之后每个单词的首字母都大写（匈牙利命名法）；每个单词都小写，但单词之间用下画线连接（下画线命名法）。例如：

> userName，UserName，strUserName，user_name

掌握以上一种命名法即可。一般情况下在同一个程序中标识符命名规则尽量一致。

（6）使用 #define 编译预处理命令定义的符号常量名，所有的字母都要用大写，单词之间用下画线连接。例如：

> #define PI 3.14 // 定义符号常量 PI 为圆周率 3.14

2. C 语言的常量与变量

1）常量

常量是指在程序运行过程中值不可改变的量。C 语言中的常量可分为符号常量和直接常量。

（1）符号常量：C 语言中用一个标识符来代表一个常量，这种常量称为符号常量。符号常量常用大写字符以示区别，且在使用前必须先定义，其语法格式如下：

define 标识符　常量

（2）直接常量：直接常量不需要类型说明就可以直接使用。

2）变量

在程序运行期间，可能会用到一些临时数据，应用程序会将这些数据保存在一些内存单元中，每个内存的单元都用一个标识符来标识。这些用来引用计算机内存地址的标识符称为变量，定义的标识符就是变量名，内存单元中存储的数据就是变量的值。

变量包括变量名、存储单位和变量值三要素。

C 语言规定：程序中使用的每个变量都必须定义，也就是说必须"先定义，再使用"。编译系统会根据变量类型为定义的变量在内存中分配一定大小的存储空间。

变量定义的格式如下：

数据类型 变量名 1，变量名 2，变量名 3，……;

例如：

> int a,b,c;　/* 声明 a,b,c 为整型变量 */

C 语言规定：变量定义后，必须先赋值才能使用。如果变量不赋值就使用，系统会自动为其赋一个不可预测的值。因此，要求变量"先定义，后赋值，再使用"。例如：

> int a=6;　/* 声明 a 为整型变量，初值为 6*/

3.printf() 函数和 scanf() 函数

在 C 语言开发中，经常会进行一些输入输出的操作，为此，C 语言提供了 printf() 函数和 scanf() 函数。其中 printf() 函数用于向控制台输出字符，scanf() 函数用于读取用户的输入，下面将分别简单解读这两个函数的用法（"顺序结构"章节将重点讲解）。

1）printf() 函数

在前面的章节中，经常使用 printf() 函数输出数据，printf() 函数可以通过格式控制字符，输出多个任意类型的数据。printf() 函数中常用的格式控制字符如表 2-2 所示。

表 2-2　常用 printf() 格式控制字符

常用格式字符	含义
%s	输出一个字符串
%c	输出一个字符
%d	以十进制输出一个有符号整型
%u	以十进制输出一个整数
%o	以八进制输出一个整数
%x	以十六进制输出一个整数，其中表示 10~15 的字母为小写
%X	以十六进制输出一个整数，其中表示 10~15 的字母为大写
%f	以十进制输出一个浮点数
%e	以科学计数法输出一个小写浮点数
%E	以科学计数法输出一个大写浮点数

2）scanf() 函数

scanf() 函数负责从标准输入设备（一般指键盘）上接收用户输入的数据，它可以灵活接收各类型的数据，如字符串、字符、整型、浮点数等，scanf() 函数也可以通过格式控制字符控制用户的输入，其用法与 printf() 函数一样。

需要注意的是，scanf() 函数接收的是变量的地址，需要在前面加个"&"字符，详细的原因将在后面章节讲解。

案例实现

1. 算法分析

（1）使用 #define 定义符号常量 PI 为圆周率 3.14；

（2）定义 3 个变量 r、s、c（分别代表圆的半径、面积和周长），由于计算过程会出现小数，所以类型定义为 float 型；

（3）使用输入函数 scanf() 从键盘获取圆半径，赋值给 r；

（4）使用公式计算圆周长 c = 2*PI*r，计算圆面积 s = PI*r*r；

（5）使用输出函数 printf() 输出圆周长和面积。

2. 流程图表达

算法流程如图 2-1 所示。

图 2-1 算法流程图

3. 代码编写

```c
#include<stdio.h>                    // 标准输入 / 输出函数的头文件
#include<stdlib.h>                   //system() 函数的头文件
#define PI 3.14                      // 定义符号常量 PI 的值
int main()                           // 程序主函数
{
    float r, c, s;                   // 定义变量
    printf(" 请输入圆半径: ");       // 输入提示
    scanf("%f",&r);                  // 输入的半径
    c = 2*PI*r;                      // 利用公式求圆的周长
    s = PI*r*r;                      // 利用公式求圆的面积
    printf(" 圆周长为:%f\n",c);      // 输出圆周长
    printf(" 圆面积为:%f\n",s);      // 输出圆面积
    system("pause");                 // 屏幕暂停,便于观察结果,按任意键退出
    return 0;                        // 主函数返回值
}
```

4. 程序仿真

"祖率"程序运行结果如图 2-2 所示。

图 2-2 "祖率"程序运行结果图

案例延伸

实践是检验真理的唯一标准,我们学习祖冲之计算圆周率勇于质疑、善于实践的精神,

钻研自然科学知识,使中国在各方面得到飞速发展,让中国的世界影响力持续提升。

案例 2　千里之堤,溃于蚁穴

案例导入

2021 年 1 月,据报道,闫女士在成都某医院顺产生下女儿,产后两个月,身体持续散发血腥和臭鸡蛋的异味,且下身坠胀疼痛难忍。直到 4 月 2 日,闫女士体内排出了一块发黑的纱布。事故发生后,该医院积极与当事人协商相应事宜,态度是诚恳的,但是,为什么会发生这样的完全可以避免的低级错误,却值得深刻反省。涉事医院回应说是忘了、"疏忽"了。怎一个"疏忽"了得!"千里之堤,溃于蚁穴"。在 C 语言程序设计中,不同数据类型输出的结果也不一样,若数据类型选择错误,就会导致错误的输出结果,例如在四则运算中,两个 float 型数据相除和两个数值相同的 int 型数据相除得到的商可能并不一样,所以我们要谨慎定义数据类型。

相关知识

1. 数据类型

在设计一个程序时,首先要确定采用什么类型的数据,不同类型的数据,编译系统为其分配的存储空间大小不同。C 语言规定,程序中所用到的任何一个变量和数据都必须指定其数据类型。C 语言中的数据类型如图 2-3 所示。

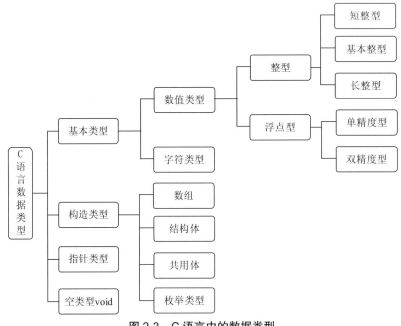

图 2-3　C 语言中的数据类型

1）整型数据

整型变量分为基本整型、短整型、长整型和无符号型。无符号型变量所占的内存空间字节数与相应的有符号类型变量相同。但由于省去了符号位,故不能表示负数。表 2-3 列出了各类整型变量所分配的内存字节数及数的表示范围,不同的编译环境所占的存储空间是有差异的。

表 2-3　各种整型变量的范围与字节数

分类	类型名	VC++6.0(32) 规定占用字节数	VC++6.0 取值范围
短整型	short	2（16 位）	$-2^{15}\sim2^{15}-1$
基本整型	int	4（32 位）	$-2^{31}\sim2^{31}-1$
长整型	long	4（32 位）	$-2^{31}\sim2^{31}-1$
无符号短整型	unsigned short	2（16 位）	$0\sim2^{16}$
无符号整型	unsigned int	4（32 位）	$0\sim2^{32}$
无符号长整型	unsigned long	4（32 位）	$0\sim2^{32}$

2）实型数据

实型变量又称浮点型变量,浮点型变量是用来存储小数数值的。在 C 语言中,浮点型变量分为两类:单精度型和双精度型,其说明符号为 float（单精度说明符）和 double（双精度说明符）,double 型变量所表示浮点数比 float 型变量更精确。表 2-4 列出了各类实型变量所分配的内存字节及数的表示范围。

表 2-4　实型变量的范围与所占字节数

分类	类型名	ANSI 标准 C 规定 占用字节数	VC++6.0 规定 占用字节数	存储方式
单精度型	float	4（32 位）	4（32 位）	小数形式 + 指数形式
双精度型	double	8（64 位）	8（64 位）	
长双精度型	—	10（80 位）	10（80 位）	

例如:

```
float x,y;          //x,y 为单精度实型变量
double a,b,c;        //a,b,c 为双精度实型变量
```

2. 数据类型转换

在 C 语言程序中,为了解决数据类型不一致的问题,需要对数据的类型进行转换。例如一个浮点数和一个整数相加,必须先将两个数据转换成同一类型。C 语言程序设计中的类型转换可分为隐式类型转换和显式类型转换两种。

1）隐式类型转换

隐式类型转换又称自动类型转换，隐式类型转换可分为三种：算术转换、赋值转换和输出转换。

（1）算术转换。

进行算术运算（加、减、乘、除、取余以及复合运算）时，不同类型数据必须转换成同一类型的数据才能运算。算术转换原则为：在进行运算时，以表达式中所占内存最大的类型为主，将其他类型数据转换成该类型，如：

①若运算数中有 double 型或 float 型，则其他类型数据均转换成 double 型进行运算；

②若运算数中最长的类型为 long 型，则其他类型数据均转换成 long 型数据；

③若运算数中最长的类型为 int 型，则 char 型也转换成 int 型进行运算。

（2）赋值转换。

进行赋值操作时，赋值运算符右边的数据类型必须转换成赋值运算符左边的数据类型，若右边数据类型的长度大于左边，则要进行截断或舍入操作。

（3）输出转换。

在程序中将数据用 printf() 函数以指定格式输出时，若要求输出的数据类型与输出格式不符，则自动进行类型转换，如一个整型数据用字符型格式（%c）输出时，相当于将 int 型转换成 char 型数据输出；一个字符型数据用整型格式输出时，相当于将 char 型转换成 int 型数据输出。

需要注意的是，较长型数据转换成短型数据输出时，其值不能超过短型数据允许的范围，否则转换时会出错。

2）显式类型转换

显式类型转换又称强制类型转换，所谓显式类型转换指的是使用强制类型转换运算符，将一个变量或表达式转化成所需的类型，这种类型转换有可能造成数据的精度丢失。其语法格式如下：

（类型名）（表达式）；

例如：定义一个 int 型变量 num，若要将其转换为 float 型，可直接用"（float）（num）；"表达。但在使用时有许多细节需要注意，具体如下。

（1）浮点型与整型。

将浮点数（单、双精度）转换为整数时，舍弃浮点数的小数部分，只保留整数部分。将整型值赋给浮点型变量，数值不变，只将形式改为浮点型，即小数点后带若干个 0。需要注意的是，赋值时的类型转换是强制的。

（2）单、双精度浮点型。

由于 C 语言中的浮点值总是用双精度表示的，所以 float 型数据参与运算时，只需要在尾部加 0 延长为 double 型数据即可。double 型数据转换为 float 型时，会造成数据精度丢失，有效位以外的数据将会进行四舍五入。

（3）char 型和 int 型。

将 int 型数值赋给 char 型变量时，只保留其最低 8 位，高位部分舍弃。将 char 型数值赋给 int 型变量时，一些编译程序不管其值正负都作正数处理。对于使用者来讲，如果原来 char 型数据取正值，转换后仍为正值。如果原来 char 型值可正可负，则转换后仍然保存原值,只是数据的内部表示形式有所不同。

（4）int 型和 long 型。

long 型数据赋给 int 型变量时,将低 16 位值赋 int 型变量,而将高 16 位值截断舍弃（这里假定 int 型占两个字节）。将 int 型数据赋给 long 型变量时,其外部值保持不变,而内部形式有所改变。

（5）无符号整数。

将一个 unsigned 型数据赋给一个长度相同的整型变量时（如：unsigned → int）,内部的存储方式不变,但外部值却可能改变。将一个 int 型数据赋给一个长度相同的 unsigned int 型变量时,内部的存储形式不变,但外部表示时总是无符号的。

案例实现

1. 算法分析

（1）定义 num1 和 num2 为 int 型变量;

（2）使用输入函数 scanf() 从键盘获取两个数值,分别赋给 num1 和 num2;

（3）分别输出 num1 和 num2 的和、差、积、商和余,其中求商时还要输出一种将 num1 和 num2 转换为 float 型再求商的结果,求得的商取小数点后两位有效数字。

2. 流程图表达

算法流程如图 2-4 所示。

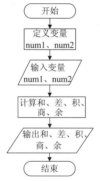

图 2-4　算法流程图

3. 代码编写

```c
#include <stdio.h>                          // 标准输入 / 输出函数的头文件
#include <stdlib.h>                         //system() 函数的头文件
int main()                                  // 程序主函数
{
    int num1,num2;                          // 定义变量
    printf(" 请输入两个整数:\n");            // 输入提示
    scanf("%d%d",&num1,&num2);              // 输入 num1 和 num2
```

```
    printf(" 和:%d\n",num1+num2);              // 输出求和计算结果
    printf(" 差:%d\n",num1-num2);              // 输出求差计算结果
    printf(" 积:%d\n",num1*num2);              // 输出求积计算结果
    printf(" 商:%d\n",num1/num2);              // 输出整型求商计算结果
    printf(" 商:%0.2f\n",(float)num1/(float)num2);  // 输出保留 2 位小数求商计算结果
    printf(" 余:%d\n",num1%num2);              // 输出整型求余数计算结果
    system("pause");                           // 屏幕暂停
    return 0;                                   // 主函数返回值
}
```

4. 程序仿真

程序的仿真结果如图 2-5 所示。

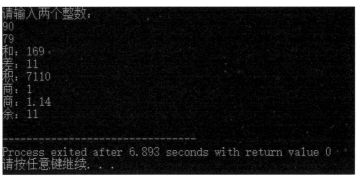

图 2-5 "数据类型"程序运行结果图

案例延伸

（1）在选择问题解决方案时,注意选择数据类型,不同的数据类型适用于不同的场合,所以要根据案例具体情况选择相应的数据类型。

（2）在学习和工作过程中我们要注意细节,"千里之堤,溃于蚁穴",一个小问题可能导致大事故,所以我们要追求严谨细致、一丝不苟、精益求精的工匠精神。

案例 3　中国与瓷器

案例导入

随着中国瓷器在欧洲的广泛传播,China 成了瓷器的代名词,这让"中国"与"瓷器"成为密不可分的双关语。正是基于中国古代陶瓷的辉煌成就,以及由此而生的陶瓷传播之路,使得这种独具中国特色的物品被世界人民所喜爱,将中国与瓷器永远地联系在了一起。China,C 大写,这是中国的意思。china,c 小写,则是瓷器的意思。在 C 语言程序设计中,如

何实现 China 和 china 的相互转换,请进入本案例的学习——大小写字母之间的转换。

相关知识

字符在内存中是以其 ASCII 码值来存储的,每个字符都对应一个数值。如字符"c"的 ASCII 码值为 99,字符"C"的 ASCII 码值为 67,若要将大写的字符"C"转换为小写的字符 "c",将字符"C"的 ASCII 码值加上 32 即可,对于其他字符也是如此。想要顺利完成此案 例,须学习 ASCII 相关知识。

计算机使用特定的整数编码来表示对应的字符。通常使用的英文字符编码是 ASCII (American Standard Code for Information Interchange, 美国信息交换标准代码)。ASCII 是一 个标准,其内容符合把英文字母、数字、标点、字符转换成计算机能识别的二进制数的规则, 并且得到了广泛认可和使用,ASCII 码表详见附录 B。

（1）ASCII 非打印控制字符:ASCII 表上的数字 0~31 分配给了控制字符,用于控制打印 机等一些外围设备。

（2）ASCII 打印字符:数字 32~126 分配给了能在键盘上找到的字符,当查看或打印文 档时就会出现。数字 127 代表 DELETE 命令。

案例实现

1. 算法分析

（1）定义字符型变量并初始化;

（2）根据大小写字母的 ASCII 码值相差 32 的原理转换字母 C 为字母 c;

（3）输出转换结果。

2. 流程图表达

算法流程如图 2-6 所示。

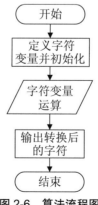

图 2-6　算法流程图

3. 代码编写

```
#include <stdio.h>                                    // 标准输入 / 输出函数的头文件
#include <stdlib.h>                                   // system() 函数的头文件
int main()                                            // 程序主函数
{
    char ch1='C',ch2='h',ch3='i',ch4='n',ch5='a',ch6;  // 定义字符变量
    printf(" 将 China 转为 china: \n");                 // 在屏幕上显示一句话
    ch6=ch1+32;                                        // 字符变量运算
    printf("%c %c %c %c %c \n",ch1,ch2,ch3,ch4,ch5);   // 输出输入的字符
    printf("%c %c %c %c %c \n",ch6,ch2,ch3,ch4,ch5);   // 输出转换后的字符
    system("pause");                                   // 暂停屏幕,便于观察结果
    return 0;                                          // 主函数返回值
}
```

4. 程序仿真

程序的仿真结果如图 2-7 所示。

图 2-7　"中国与瓷器"程序运行结果图

案例延伸

（1）在 ASCII 码表中，26 个英文字母相应的大小写 ASCII 码值相差 32（小写字母比对应的大写字母大 32）。

（2）多姿多彩的瓷器是中国古代的伟大发明之一，"瓷器"与"中国"在英语中同为一词，充分说明中国瓷器完全可以作为中国的代表。

案例 4　勤工俭学

案例导入

随着国家教育体制的改革和素质教育的全面铺开,勤工俭学成为大学生实践活动的重要环节,它既能够强化大学生的社会实践能力,又能够让大学生获得一定的经济回报,补贴生活和学习所需。因此越来越多的大学生在校期间选择勤工俭学,一方面是为了利用业余时间赚取报酬维持生计,从而减轻家庭负担;另一方面是想多累积社会实践经验,培养个人

综合能力,丰富自己的人生阅历,锻炼自己的意志。

学生利用这节课所学知识,使用 C 语言设计一套计算勤工俭学工资的程序,例如工资为 85 元 / 小时,输入本周工作时间(小时),即可得出本周勤工俭学工资。

相关知识

1. 算术运算符与表达式

在数学运算中最常见的就是加减乘除四则运算。C 语言中的算术运算符是用来处理四则运算的符号,也是最简单、最常用的运算符号。

算术运算符用于各类数学运算,包括加(+)、减(−)、乘(*)、除(/)、求余(%)、自增(++)、自减(−−)7 种。其中自增(++)和自减(−−)在下一小节介绍。

加(+)、减(−)、乘(*)、除(/)、求余(%)与数学运算基本一致,有两个操作数,具有左结合性,需注意:

(1)求余(%)运算只能由整型数据参与运算,运算结果的符号取决于运算符前面的操作数;

(2)如果一个算术运算符两侧的操作数都是整数,那么运算结果也只能是整数;如果有一个数是实数,那么运算结果就是实数;

(3)算术表达式的运算顺序优先级由高到低;

(4)算术表达式中乘号(*)不能省略;

(5)在 C 语言表达式中只能有合法的标识符,而不能是任意字符。如,数学表达式 πr^2 对应的 C 语言表达式为 PI * r * r(#define PI 3.14);

(6)算术表达式中不允许有分数形式,而要转化为除号(/);

(7)算术表达式中 C 语言各类表达式只能使用圆括号 ( ),且可多重嵌套使用,但不能使用 { }、[ ]。

2. 赋值运算符与表达式

赋值运算符用于赋值运算,分为简单赋值(=)、复合运算赋值(+=、−=、*=、/=、%=)和复合逻辑赋值(&=、|=、^=、>>=、<<=)运算符三类共 11 种。

赋值运算符都是双目运算符,具有右结合性,由赋值运算符连接的式子为赋值表达式,其功能是计算运算符右侧表达式的值,再赋值给左侧的变量。其一般形式为:

变量 = 表达式;

注意:

(1)在赋值号左边只能是变量;

(2)如赋值号两边的数据类型不同,赋值号的右值将转换为左边量的类型。

在赋值运算符"="之前加上其他双目运算符可构成复合赋值运算符。其一般形式为:

变量 = 变量 双目运算符 表达式;

例如:

```
a+=7;        // 等价于 a=a+7
```

案例实现

1. 算法分析

（1）定义一个浮点型变量 hour；

（2）使用输入函数 scanf() 输入本周勤工俭学时间；

（3）使用计算公式 85*hour 输出浮点型变量，0.2f 为保留小数点后两位有效数字。

2. 流程图表达

算法流程如图 2-8 所示。

图 2-8　算法流程图

3. 代码编写

```
#include <stdio.h>                              // 标准输入 / 输出函数的头文件
#include <stdlib.h>                             // system() 函数的头文件
int main()                                      // 程序主函数
{
    float hour;                                 // 定义浮点型变量
    printf(" 请输入本周工作时间（单位小时）: \n");    // 输入提示语句
    scanf("%f",&hour);                          // 输入数值
    printf(" 本周勤工俭学工资为:%0.2f\n",85*hour);  // 向屏幕输出结果
    system("pause");                            // 暂停屏幕,便于观察结果
    return 0;                                    // 主函数返回值
}
```

4. 程序仿真

程序的仿真结果如图 2-9 所示。

图 2-9　程序运行结果图

案例延伸

（1）学习算术运算符和数据类型，根据不同的场合设置不同的类型。

（2）勤工俭学是社会主义教育的一个不可缺少的组成部分，是培养四有新人的重要途径。近几年来，学校的勤工俭学活动越来越受到学生们的重视，使其经济效益有了较大幅度的提高，同时也使社会各机构和队伍得到充实和加强，有力促进了社会主义一代新人的健康成长。所以，勤工俭学在深化教育改革，培养德、智、体、美、劳全面发展的建设者和接班人方面，具有重要的地位和作用。

案例 5　逆水行舟，不进则退

案例导入

学习是永恒的主题，是开启成功之门的金钥匙。整个世界都在进步，要想成功，想超过千万个不甘平庸的人，就得不断学习。学习是通往成功的捷径之路，所谓"逆水行舟，不进则退"，社会在发展和进步，在知识飞速更新的今天，若不加强学习，提高自身修养，将无法适应高速发展的社会。"勤能补拙是良训，一分辛苦一分才"。只要勤奋学习，每天进步一点点，总有一天会到达成功的彼岸。

求学之路，若不能天天上进，就会后退。尤其在知识经济时代，知识更新的周期越来越短，只有不断地学习，才能不断汲取能量，才能适应社会的发展，才能生存下来。我们要善于思考，善于分析，善于整合；向成绩好、阅历高的人多学、多问。

相关知识

1. 自增、自减运算符

自增（++）、自减（--）都是单目运算符，需要一个操作数，具有右结合性。"++"运算符的功能是使变量的值自增 1，"--"运算符的功能是使变量的值自减 1。关于自增、自减运算，注意以下几点。

（1）自增、自减运算只能作用于变量，不能作用于常量或表达式。

自增、自减运算符既可以写在操作数前面（前缀写法），例如 ++i、--i；也可以写在操作数后面（后缀写法），例如 i++、i--。

（2）前缀写法和后缀写法的操作变量的最终值是一样的，都是操作变量的原值 +1 或 -1，但表达式值是不一样的。前缀写法的表达式值等于操作变量的终值，即先自增（自减）再使用值；后缀写法的表达式值等于操作变量的原值，即先使用值再自增（自减）。

2. 运算符优先级

数学中的算术运算符是具有优先级的，比如括号里的表达式要先进行运算、在复杂的表达式里遵循先乘除后加减的原则等。同样，计算机语言中的各种运算符也具有优先级，用来明确表达式中所有运算符参与运算的先后顺序。C 语言中各种运算符的优先级与结合性详见附录 C。编写程序时,尽量使用括号("()")来实现想要的运算顺序,以免产生歧义。

3. 逗号运算符与表达式

在 C 语言中,", "也是一种运算符,称为逗号运算符。其功能是把两个表达式连接起来组成一个表达式,称为逗号表达式。其一般形式为:

表达式 1,表达式 2,……,表达式 n;

逗号运算符的优先级最低,自左至右依次计算各表达式的值,最后一个表达式的值即为整个逗号表达式的值。例如,求(a=3 * 5,a * 4),a+5 值的过程如下:

(1)先求解 a=3 * 5,得 a=15;

(2)再求 a*4=60;

(3)最后求解 a+5=20,所以整个逗号表达式的最终值为 20。

4. 逻辑运算符与表达式

逻辑运算也称布尔运算,C 语言提供了 3 种逻辑运算符:&&(逻辑与)、||(逻辑或)和!(逻辑非)。用逻辑运算符将算术表达式、关系表达式或逻辑表达式连接起来构成的式子就是逻辑表达式,单独一个关系表达式也是逻辑表达式。逻辑表达式的一般形式为:

表达式 逻辑运算符 表达式

逻辑运算符的运算规则如下:

(1)逻辑与运算 &&:参与运算的两个表达式都为"真"时,运算结果为"真",否则为"假";

(2)逻辑或运算 ||:参与运算的两个表达式只要有一个为"真",运算结果就为"真",两个都为"假"时,运算结果为"假";

(3)逻辑非运算!:参与运算的表达式为"真"时,运算结果为"假",否则为"真"。

逻辑运算中逻辑非的优先级别最高,逻辑与次之,逻辑或最低:!(逻辑非)→ &&(逻辑与)→ ||(逻辑或)。与其他种类运算符的优先级关系:! 算术运算符→关系运算符 && → || 赋值运算符→逗号运算符。

逻辑与和逻辑或的结合方向是自左至右,逻辑非的结合方向是自右至左。

案例实现

1. 算法分析

(1)定义一个整型变量 num;

(2)使用输入函数 scanf() 输入一个整数;

(3)使用自增、自减计算每天进步一点和退步一点的结果。

2. 流程图表达

算法流程如图 2-10 所示。

图 2-10　算法流程图

3. 代码编写

```c
#include <stdio.h>                              // 标准输入 / 输出函数的头文件
#include <stdlib.h>                             // system() 函数的头文件
int main()                                      // 程序主函数
{
    int num;                                    // 定义整型变量
    printf(" 请输入一个整数: \n");               // 输入提示语句
    scanf("%d",&num);                           // 输入整型数据
    printf(" 每天进步一点: %d\n",++num);          // 输出自增运算结果
    --num;                                      // 自增运算完成后恢复到原来输入的整数
    printf(" 每天退步一点: %d\n",--num);          // 输出自减运算结果
    system("pause");                            // 暂停屏幕,便于观察结果
    return 0;                                   // 主函数返回值
}
```

4. 程序仿真

程序的仿真结果如图 2-11 所示。

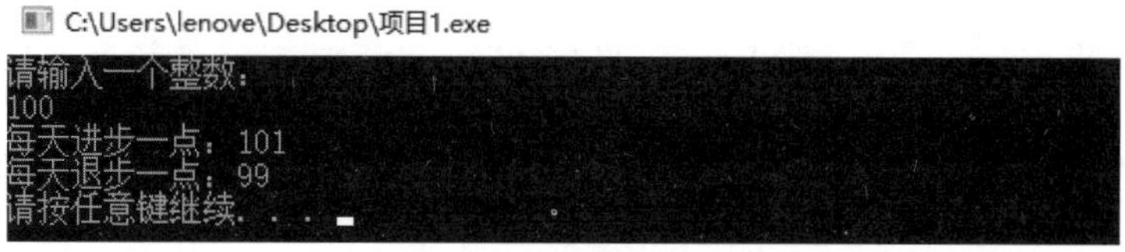

```
C:\Users\lenove\Desktop\项目1.exe
请输入一个整数:
100
每天进步一点: 101
每天退步一点: 99
请按任意键继续. . . ▪
```

图 2-11　"自增自减"程序运行结果图

案例延伸

(1)学习才是通往成功的唯一道路,"逆水行舟,不进则退",社会在发展变化,在知识飞速发展的今天,如果不持续加强学习,提高自身修养,就将无法适应高速发展的社会,更无法把工作做好,所以我们每天都要学习。

（2）自增、自减运算符放在操作数后面，则先进行计算，再进行自增、自减。反之，运算符放在操作数前面，则先进行自增、自减，再参与其他运算。

案例6　瘦身美体

案例导入

近年来有大量的研究证实肥胖与高血压、糖尿病以及痛风、睡眠呼吸暂停综合征等疾病的发生密切相关。减肥一方面可以提升我们的身体素质；另一方面可以降低高血压、糖尿病等疾病的发生概率，并且对于已经患有心血管疾病的患者，也有降低疾病复发率以及死亡率的益处。所以，目前大力提倡肥胖的朋友们减肥。

减肥的主要方法是运动，我们经常会比较运动前后的体重大小来确定减肥效果，现学习如何利用 C 语言计算我们运动后体重是否减轻。

相关知识

1. 关系运算符与表达式

关系运算符用于对两个数值或变量进行比较，其结果是一个逻辑值（"真"或"假"），如"5>3"，其值为"真"。C 语言的关系运算中，"真"用数字"1"来表示，"假"用数字"0"来表示。由关系运算符连接而成的表达式称为关系表达式，一般形式为：

表达式 关系运算符 表达式

表 2-5 列出了 C 语言中的关系运算符及其用法。

表 2-5　关系运算符及其用法

运算符	运算	范例	结果
==	相等于	4= =3	0
! =	不等于	4! =3	1
<	小于	4<3	0
>	大于	4>3	1
<=	小于等于	4<=3	0
>=	大于等于	4>=3	1

在关系运算符中的 <、<=、>、>= 优先级相同；= =、! = 优先级也相同，且前 4 个高于后 2 个。

关系运算符的优先级低于算术运算符，高于赋值运算符。3 种运算符优先级从高到低为：算术运算符 > 关系运算符 > 赋值运算符。关系运算符的结合方向是自左至右，即左结合。关系表达式的值是一个逻辑值，即"真"或"假"。"1"代表"真"，"0"代表"假"。

2. 条件运算符与表达式

条件运算符由两个符号"?"和":"组成,有 3 个操作数,称为三目运算。格式为:

表达式 1? 表达式 2: 表达式 3

上述表达式中,先求解表达式 1,若其值为真(非 0),则将表达式 2 的值作为整个表达式的取值,否则(表达式 1 的值为 0)将表达式 3 的值作为整个表达式的取值。

注意:

(1)条件运算符"?"和":"是一对运算符,不能分开单独使用;

(2)条件运算符的结合方向自右至左,例如 a>b?a:c>d?c:d 应理解为 a>b?a:(c>d?c:d),这也是三目运算符的嵌套形式,即其中的表达式 3 又是一个条件表达式。

条件表达式的优先级高于赋值运算符和逗号运算符。

案例实现

1. 算法分析

(1)定义两个整型变量 a 和 b;

(2)使用输入函数 scanf() 输入本次测量的运动前和运动后的体重,单位 kg;

(3)使用关系运算符比较大小。

2. 流程图表达

算法流程如图 2-12 所示。

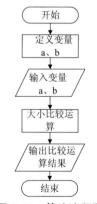

图 2-12　算法流程图

3. 代码编写

```
#include <stdio.h>                          // 标准输入 / 输出函数的头文件
#include <stdlib.h>                         // system() 函数的头文件
int main()                                  // 程序主函数
{
    int a, b;                               // 定义两个整型变量
    printf(" 请输入运动之前的体重(kg)和运动之后的体重(kg): \n");
                                            // 输入提示语句
```

```
scanf("%d%d",&a,&b);                    // 输入运动前后的体重
printf("%d 较大 \n",(a>b?a:b));          // 输出比较结果
system("pause");                        // 暂停屏幕,便于观察结果
return 0;                               // 主函数返回值
}
```

4. 程序仿真

程序的仿真结果如图 2-13 所示。

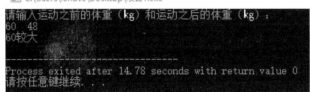

图 2-13   "比较大小"程序运行结果图

案例延伸

减肥一方面可以提升我们的身体素质;另一方面可以降低高血压、糖尿病等疾病的发生概率,并且对于已经患有心血管疾病的患者,也有降低疾病复发率以及死亡率的益处。所以,鼓励大家要通过合理的方式进行减肥。

本章小结

本章介绍了 C 语言中的数据类型、变量的定义和使用方法及常用运算符及其优先级和结合性。通过本章的学习,使读者掌握 C 语言中的数据类型及其运算的相关知识,能使用 Visual C++6.0 或 Dev C++ 开发相应的 C 语言程序。

课后练习

一、选择题

1. 在 C 语言中,( )是逻辑运算符中优先级最高的。

A.!   B.&&   C.|| D.&

2. 若 x、i、j 和 k 都是整型变量,则执行下面表达式后 x 的值为( )。

x=(i=4,j=16,k=32)

A. 4   B. 16   C. 32   D. 52

3. 在 C 语言中,不正确的 int 类型的常数是( )。

A.32768   B.0   C.037   D.0xAF

4. C 语言中的标识符只能由字母、数字和下画线三种字符组成,且第一个字符( )。

A. 必须是字母 　　　　　　　　　　　　　B. 必须是下画线

C. 必须是字母或下画线 　　　　　　　　　D. 可以是字母、数字、下画线中的任一字符

5. 常量 42、4.2、42L 的数据类型分别是（　　　）。

A. long、double、int 　　　　　　　　　　B. long、float、int

C. int、double、long 　　　　　　　　　　D. int、float、long

6. 下面各选项组中,均是 C 语言关键字的组是（　　　）。

A.auto,enum,include 　　　　　　　　　B.switch,typedef,continue

C.signed,union,scanf 　　　　　　　　　D. if,struct,type

7. 下面 C 语言代码:

int answer, result;

answer=100;

result=answer−10;

printf("The result is %d",result+5);

其输出结果是 (　　　)。

A. The result is 90 　　　　　　　　　　B. The result is 95

C. The result is 10 　　　　　　　　　　D. The result is 100

8. 设 x,y,z,t 均为 int 型变量,则执行以下语句后,t 的值为（　　　）。

x=y=z;

t=++x||−−y&&++z;

A. 不定值　　　　　　　B.2　　　　　　　　C.1　　　　　　　　D.0

9. 下列关于 C 语言的叙述错误的是（　　　）。

A. 大写字母和小写字母的意义相同

B. 不同类型的变量可以在一个表达式中

C. 在赋值表达式中等号 (=) 左边的变量和右边的值可以是不同类型

D. 同一个运算符号在不同的场合可以有不同的含义

10. 在 C 语言中,表达式"10！=9"的值是（　　　）。

A. true　　　　　　　B. 非零值　　　　　　C.0　　　　　　　　D. 1

11. 若 w=1,x=2,y=3,z=4,则条件表达式"w<x? w:y<z: y:z"的值为（　　　）。

A. 4　　　　　　　　B. 3　　　　　　　　C.2　　　　　　　　D. 1

二、程序题

1.编写程序输出如下图案。

```
       *
      ***
     *****
    *********
```

2. 输入 3 个整型数据,求其最大值。

3. 编写程序,使用 scanf 函数接收一个字符,用 printf 函数显示。

第 3 章 顺序结构

学习目标

知识目标
(1)理解算法的概念和掌握算法的表示方法。
(2)能够运用流程图描述程序的执行流程。
(3)掌握 C 语言数据输入和数据输出。
(4)掌握顺序结构的设计。

技能目标
(1)能够运用流程图画出待解决问题的算法实施步骤。
(2)能够运用顺序结构思想解决实际问题。
(3)能够依据数据输入输出不同格式要求,进行程序设计。

素质目标
(1)热爱中国传统文化,树立民族文化自信。
(2)能够树立崇高的职业理想和家国使命感。
(3)具有刻苦钻研、勇于探索的科学精神。

学习重点、难点

重点
(1)掌握程序流程图的绘制。
(2)掌握顺序结构的设计。
(3)掌握格式输入输出函数的功能和应用。

难点
(1)掌握数据输入、输出函数的应用。
(2)能够运用顺序结构解决实际问题。

案例 1　货币兑换

案例导入

改革开放以来,我国在经济、政治、文化、军事、科技等方面取得了举世瞩目的成就,特别是党的十八大以来,我国积极推动共建"一带一路",得到 160 多个国家(地区)和国际组织的积极响应;倡议构建人类命运共同体,积极参与以 WTO 改革为代表的国际经贸规则制定,在全球治理体系变革中贡献了中国智慧,展现了大国担当,国际影响力持续升高。美国男孩詹姆斯从小向往东方文明,计划和同学们一起来中国旅游。现在他攒了 5000 元,请帮他计算他能兑换多少人民币? 已知 1 美元兑换 6.28 元人民币。

相关知识

1. 程序

计算机程序就是一条条指令的集合。一条机器语言称为一条指令,指令是不可分割的最小功能单元。一个程序应包括以下两个方面。

(1)对数据的描述。在程序中要指定数据的类型和数据的组织形式,即数据结构。

(2)对操作的描述。操作方法和步骤,也就是算法。

著名的计算机科学家沃思提出了一个公式:程序 = 数据结构 + 算法。

2. 算法

算法(Algorithm)是解决特定问题的步骤描述或者可表述为为解决一个问题而采取的方法。例如,新学期开学时西京学院学生需要返校,那么从家到学校的交通方式选择的问题,就有很多种解决方案:有的学生乘坐火车、有的学生乘坐汽车、有的学生乘坐飞机;在本市的可能会自己开车或乘坐公共汽车,离学校近的可能会步行到学校。每一种方案都能解决从家到学校的问题,因此每一种方案都是一种算法,这么多解决方法就是这么多种算法。同样,在计算机中,算法也是对某一个问题求解方法的描述,只是它的表现形式是计算机指令的有序序列,执行这些指令就能解决特定的问题。例如,本案例中用计算机实现美元和人民币之间的兑换值计算,就是解决一个问题。一个成熟的算法,应该具有以下五个特性。

(1)确定性:算法的每一步都有确定的含义,不会出现二义性。即在相同条件下,只有一条执行路径,相同的输入,只会得到相同的输出结果。

(2)可行性:算法的每一步都是可执行的,通过执行有限次操作来实现其功能。

(3)有穷性:一个算法必须在执行有穷步骤之后结束,且每一步都在有穷时间内完成。这里的有穷概念不是数学意义上的,而是指在实际应用当中可以接受的、合理的时间和步骤。

(4)输入:算法具有零个或多个输入。有些输入量需要在算法执行过程中输入;有的算法表面上没有输入,但实际上输入量已被嵌入在算法之中。

(5)输出:算法至少具有一个或多个输出。"输出"是一组与"输入"有对应关系的量值,是算法进行信息加工后得到的结果。

3. 算法的描述

在程序设计中,算法有三种较为常用的表示方法:流程图、N-S 结构化流程图和伪代码。

1)流程图

流程图是算法描述用得最多的方法,是描述问题处理步骤的一种图形工具,它由一些图框和流程线组成,使用流程图描述问题的处理步骤形象直观、便于阅读。画流程图时必须按照功能选用相应的流程图符号,如图 3-1 所示。

图 3-1　传统流程图常用符号

(1)起止框:用于表示流程的开始和结束。

(2)判断框:用菱形表示,它代表对条件进行判断,根据条件成立与否来决定如何执行后续操作。

(3)处理框:用矩形表示,它代表程序中的主要处理功能,如向变量赋值、执行算术运算等。

(4)输入 / 输出框:用平行四边形表示,在其内部书写需输入 / 输出的内容。

(5)流程线:用实心单箭头表示,它代表程序执行的方向和路径,可以连接不同位置的图框,一般是从上到下、从左到右画线。

(6)连接点:用圆形表示,内部书写数字或字母,用于流程图的延续。

2)N-S 结构化流程图

1973 年美国学者提出了一种新型的流程图: N-S 流程图。N-S 流程图的表示与流程图类似,但它去掉了流程图中的流程线,使得功能模块的分界和层次关系更加清晰,而且不可任意地转移控制。用 N-S 流程图表示顺序结构、选择结构和循环结构,如图 3-2 所示。

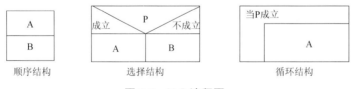

图 3-2　N-S 流程图

3)伪代码

通常将解决问题的算法描述出来后,不同的程序员会采用不同的语言来实现此算法,因此出现了算法的伪代码表示法。伪代码表示法通常会以某种通行的语言 (如 C、Java) 为基础,但在涉及不同语言的差异部分时使用自然语言描述。例如,大多数语言表示选择结构时都用 if,因此采用伪代码表示算法时就用 if 表示选择结构,每个程序员看到 if 时都知道是选择结构。但后面的条件 (通常为表达式) 在不同的语言中表示方法不一致,因此,这部分通

常用自然语言表示,让所有的程序员都能看明白。例如,设计判断输入的学生的分数是否及格的算法时,用伪代码表示如下:

```
输入学生分数
if(分数大于等于 60)
{ 输出"及格"
}
else
{ 输出"不及格"
}
```

4. 顺序结构

结构化程序设计主要由顺序结构、选择结构、循环结构三种基本结构组成。顺序结构是按照语句书写顺序从前往后一条一条地执行,是结构化程序设计的基础,如图 3-3 所示。

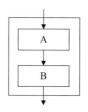

图 3-3　流程图表示的顺序结构图

顺序结构按照语句顺序执行,执行完 A 程序再执行 B 程序,具有"按部就班、依次进行"的思想。

案例实现

1. 算法分析

(1)定义变量 a、b 分别代表人民币和美元的金额,由于计算过程出现小数,所以定义类型为 float 型;

(2)使用输入函数 scanf() 从键盘获取美元的金额,赋值给 b;

(3)使用公式计算人民币金额 a=b*6.28;

(4)使用输出函数 printf() 输出人民币金额 a。

2. 流程图表达

"货币兑换"程序算法流程图如图 3-4 所示。

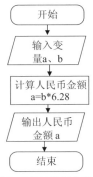

图 3-4　"货币兑换"程序算法流程图

3. 代码编写

```
#include<stdio.h>                    // 标准输入 / 输出函数的头文件
#include<stdlib.h>                   //system() 函数的头文件
int main()                          // 程序主函数
{
float a, b;                          // 定义变量
printf(" 请输入要兑换的美元金额:");    // 输入提示
scanf("%f",&b);                      // 输入美元金额
a=b*6.28;                            // 兑换计算
printf(" 您的美元金额是 %f\n\n 兑换的人民币金额是 %.2f",b,a); // 打印结果
system("pause");                     // 屏幕暂停,便于观察结果,按任意键退出
return 0;                            // 主函数返回值
}
```

4. 程序仿真

程序的仿真结果如图 3-5 所示。

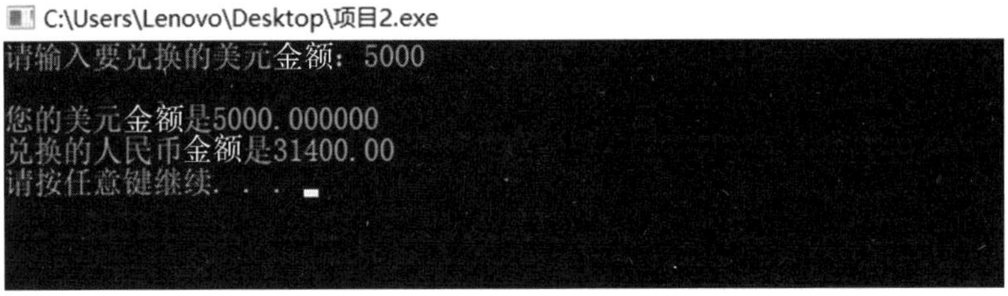

图 3-5　"货币兑换"程序运行结果图

案例延伸

(1)通过算法流程图的学习,我们知道程序编写准备阶段要对解决方案进行规划和梳理,同时在生活中我们要做一个有条理的人,懂得按照事情的计划和顺序来做事,为人处世条理清晰,能够达到事半功倍的效果。凡事预则立不预则废,对一个追求成功者而言,计划越周详越精细,则做事情越顺利。

（2）通过"货币兑换"案例，我们了解到在中国共产党的坚强领导下，中国在各方面得到了飞速发展，中国的世界影响力持续提升。所以，我们要努力学习，做好祖国的建设者和接班人，让我们共同努力来实现我们的"中国梦"。

案例 2　人机交互

案例导入

人机交互也被称为人机互动，用英语表述为 Human-Machine Interaction，是指软件与用户之间发生的沟通和互动行为，用户能够通过人机交互式界面操作和运用电子产品。随着社会的发展与进步，人们更加重视电子产品设备操作的简洁性和人机互动的智能性。C 语言程序运行过程中，往往需要用户进行数据输入和计算机的程序运行结果输出，所以人机交互成为程序开发的重要环节。C 语言中，没有专门的输入输出语句，所有的输入输出操作都通过对标准 I/O 库函数的调用实现。在 C 语言程序设计中，如何实现不同输入、输出格式的人机交互呢？

相关知识

C 语言输入 / 输出功能由 C 库函数中的"标准输入 / 输出函数"来实现，这些函数的说明包含在 C 语言头文件 stdio.h 和 string.h 中，为了使用这些函数，必须在源程序开头处使用预处理命令：#include <stdio.h> 或 #include <string.h>。

1. 格式化输出函数：printf()

1）功能和格式

（1）函数功能：按指定格式向显示器输出数据。

（2）使用形式：

printf("格式控制字符串", 输出项列表)。

①格式控制字符串包含以下 3 种。

普通字符：原样输出（主要用来进行信息提示）。

转义字符：指明特定操作，如 '\n'、'\t' 等。

格式说明符：%+ 格式字符，表示按指定的数据类型和格式输出有效数据。

②输出项列表：要输出显示的常量、变量、表达式。

2）常见格式字符

（1）整型数据。

① %d、%o、%x：按数据的实际长度，以十进制、八进制、十六进制形式输出整数。

② %md、%mo、%mx：按指定的数据最小宽度 m，输出数据。当数据实际位数 <m 时，输出数据的左端补以空格；当数据实际位数 >m 时，按实际长度输出数据。

（2）实型数据。

%f：按小数形式输出十进制实数。

整数部分：原样输出。

小数部分：保留 6 位精度（小数位数大于 6 位时四舍五入取 6 位；小于 6 位时后面补 0）。

> 例：程序语句：printf("%f\n%f\n",12.3456788,12.34);
>   输出结果：12.345679
>   12.340000

② %m.nf：按指定宽度输出实数（m 为最小域宽、n 为小数位数）。

当原数据的总位数 <m 时，数据左端补以空格；

当原数据的总位数 >m 时，整数部分原样输出，小数部分仍为指定的 n 位（四舍五入）；

当原数据的小数位数 <n 时，小数后面补 0；

当原数据的小数位数 >n 时，按 n 位四舍五入。

③字符数据。

%c：输出单个字符。

> 例：int ch=65;
>   printf("%c(%d) ",ch,ch);
>   输出：A(65)

%s：输出字符串。

> 例：printf("%s", " 我爱我的祖国 ");
>   输出：我爱我的祖国

3）printf() 函数小结

（1）"格式控制字符串"中格式说明符须与输出项列表一一对应，类型匹配，否则得不到想要的结果（编译时并不会报错）。

（2）善用转义字符，特别是 '\n'、'\t' 等，可使输出格式更加美观。

（3）printf() 函数中，可以没有输出项列表，此时只表示输出一串字符，常用于显示提示语句或编写程序界面。

2. 格式化输入函数：scanf()

1）格式与功能

（1）函数功能：按指定格式从输入设备（键盘）输入数据并存入变量。

（2）使用形式：

scanf("格式控制字符串", 变量地址列表);

①格式控制字符串。%+ 格式字符——与 printf() 函数完全一样，表示按指定的数据类型格式输入数据，如：%d、%f 、%c、%s 等。

②地址列表中是变量的地址（不是变量），因此是 &a（不是 a），& 为取地址运算符号。

> 例：非法形式：   合法形式：
>   int a,b,c;   int a,b,c;
>   scanf("%d%d%d",a,b,c);   scanf("%d%d%d",&a,&b,&c);

2）scanf() 函数小结

（1）格式控制字符串中格式说明符、变量地址列表二者的个数、类型要严格匹配,否则无法得到预期的输入值。

（2）数据输入分隔:①在连续输入多个数字时,以空格键、回车键（Enter）、跳格键（Tab）作为一个数字输入的结束标志;②连续输入多个字符时,无须分隔,连续输入。

例: int a,b,c;	char c1,c2,c3;
scanf("%d,%d,%d",&a,&b,&c);	scanf("%c,%c,%c",&c1,&c2,&c3);
输入: 12 34 56	输入: abc
结果: a=12,b=34,c=56	结果: c1='a',c2='b',c3='c'

（3）格式控制字符串中的普通字符:"格式控制字符串"中如果使用了普通字符,则在输入数据时也应将普通字符原样输入,否则得不到预期数据。因此,为避免错误,不建议使用任何普通字符！可以先用 printf() 函数给出输入提示信息,以提示操作人员接下来进行的操作（即人机界面）。

例: int a,b,c;	int a,b,c;
scanf("%d,%d,%d",&a,&b,&c);	scanf("%d:%d:%d",&a,&b,&c);
应当输入: 12, 34, 56	应当输入: 12:34:56
而不是: 12 34 56	而不是: 12 34 56

3. 单字符输出函数: putchar()

（1）函数功能:向显示器输出一个字符（普通字符、转义字符）;

（2）使用形式:

putchar(ch)。

参数 ch: 字符常量、变量、表达式,与输出语句 printf("%c",ch); 效果完全相同。

（3）返回值:正确,返回字符的 ASCII 码;错误,返回 EOF（-1）。

例: putchar('a');	/* 输出字母 a*/
putchar(65);	/* 输出字母 A（ASCII 码值为 65）*/
putchar('\n');	/* 输出换行符,达到换行效果 */

4. 单字符输入函数: getchar()

（1）函数功能:从输入设备（键盘）输入一个字符并存入字符变量。

（2）使用形式:

ch=getchar();

无参函数,与输入语句"scanf("%c",&ch);"效果完全相同。

（3）返回值:返回值为从键盘输入的字符的 ASCII 码值。

例: char ch;	/* 定义字符变量 ch*/
ch=getchar();	/* 从键盘输入一个字符,并将其存入 ch 变量中 */
putchar(ch);	/* 输出该字符,验证输入的正确性 */

案例实现

1. 人机交互要求

输入并运行以下程序,分析程序的运行结果。

```
#include <stdio.h>                      // 标准输入 / 输出函数的头文件
int main()                             // 主函数
{ int a, b;                            // 定义变量 a 和 b
    scanf("%d%d", &a, &b);             // 从键盘输入数据 a,b
    printf("a = %d, b = %d\n", a, b);  // 屏幕输出数据 a,b
}
```

问题:

(1)当要求程序输出结果为 a = 12, b = 34 时,用户应该如何输入数据?

(2)当限定用户输入数据以逗号为分隔符,即输入数据格式为:12,34 ✓ 时,应修改程序中的哪条语句?怎样修改?

(3)语句"scanf("%d%d", &a, &b);"修改为"scanf("a = %d, b = %d", &a, &b);"时,用户应该如何输入数据?

(4)限定用户输入数据为以下格式:1234 ✓ ,同时要求程序输出结果为 a = 12, b = 34,如何修改?

(5)限定用户输入数据为以下格式:12 ✓ 34 ✓ ,同时要求程序输出结果为 a = "12" ,b = "34",如何修改?

(6)设计程序使得用户可以以任意字符(回车、空格、制表符、逗号、其他)作为分隔符进行数据的输入。

2. 人机交互实现

(1)当要求程序输出结果为 a = 12, b = 34 时,用户应该如何输入数据?

解决方案:数据的输入方式为 12 ✓ 34 ✓ 或 12 与 34 之间,输入过程添加空格或 Tab 进行分隔。

程序验证如图 3-6~ 图 3-8 所示。

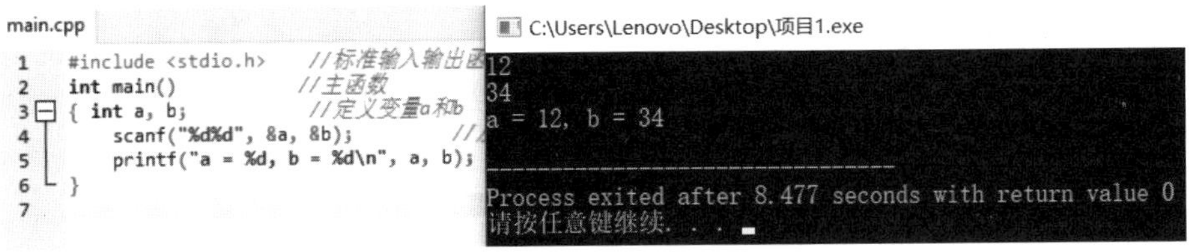

图 3-6   输入数据通过回车键分隔

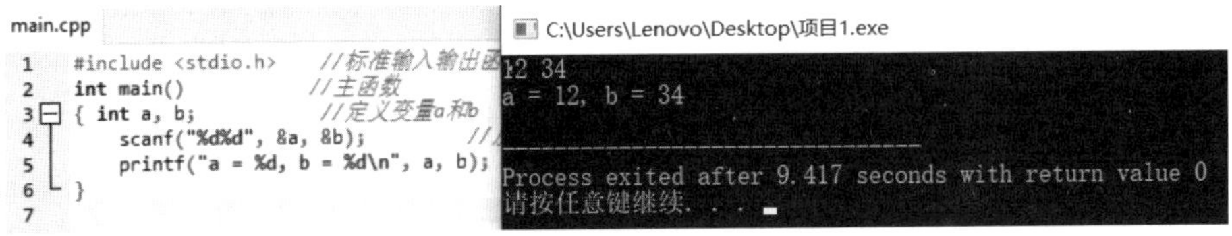

图 3-7   输入数据通过空格键分隔

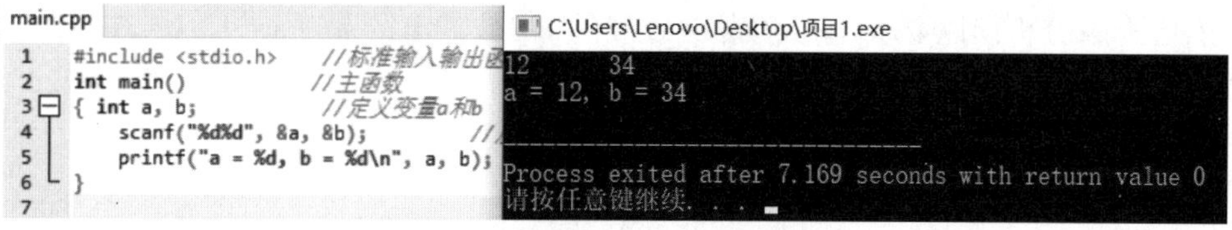

图 3-8 输入数据通过 Tab 键分隔

知识解析：在连续输入多个数字时，以空格键、回车键（Enter）、跳格键（Tab）作为一个数字输入的结束标志。

（2）当限定用户输入数据以逗号为分隔符，即输入数据格式为：12,34 ✓ 时，应修改程序中的哪条语句？怎样修改？

解决方案：当限定用户输入数据以逗号为分隔符时，则表明程序 scanf() 函数中格式控制字符串是以逗号分隔的，则需要将原程序中的"scanf("%d%d", &a, &b);"语句修改为"scanf("%d,%d", &a, &b);"。

程序验证如图 3-9 所示。

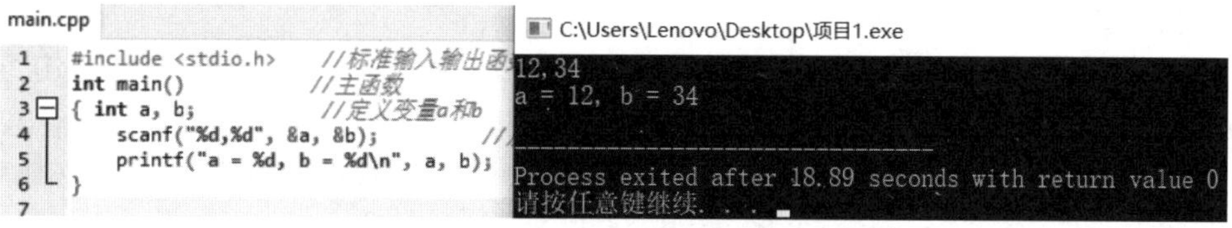

图 3-9 修改程序后输入数据通过逗号分隔

知识解析：scanf() 函数的"格式控制字符串"中如果使用了普通字符，则在输入数据时也应将普通字符原样输入，否则得不到预期数据。

（3）语句"scanf("%d%d", &a, &b);"修改为"scanf("a = %d, b = %d", &a, &b);"时，用户应该如何输入数据？

解决方案：按照要求将"scanf("%d%d", &a, &b);"修改为"scanf("a = %d, b = %d", &a, &b);"后，scanf() 函数内增加了普通字符"a=,b="，则输入过程需要将普通字符原样输入，数据输入为"a=12,b=34"。

程序验证如图 3-10 所示。

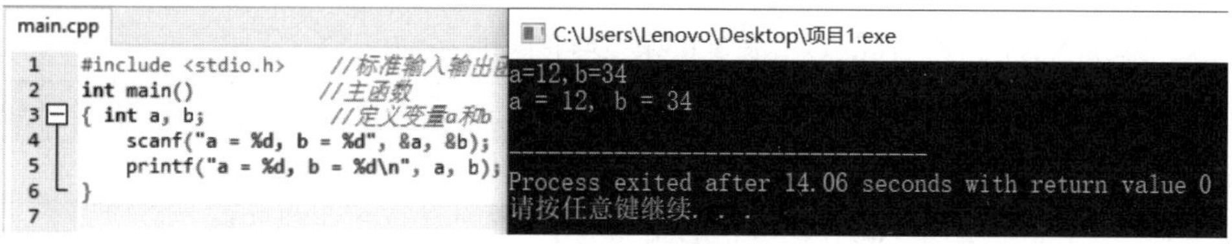

图 3-10 按照要求进行数据输入

知识解析：scanf() 函数的"格式控制字符串"中如果使用了普通字符，则在输入数据时也应将普通字符原样输入，否则得不到预期数据。

（4）限定用户输入数据为以下格式：1234 ✓，同时要求程序输出结果为 a = 12, b = 34，如何修改？

解决方案：分析问题要求，输入数据为连续的 1234，输出结果为 a = 12，b = 34，则需要限定输入数据获取的长度，将语句"scanf("%d%d", &a, &b);"修改为"scanf("%2d%2d", &a, &b);"。

程序验证如图 3-11 所示。

图 3-11　按照要求进行数据输入

知识解析：scanf("%md",&a) 中是用十进制整数 m 指定输入的宽度（即字符数），将语句"scanf("%d%d", &a, &b);"修改为"scanf("%2d%2d", &a, &b);"则可实现 1 和 2 两个字符送入变量 a 的地址，3 和 4 两个字符送入变量 b 的地址。

（5）限定用户输入数据为以下格式：12 ✓ 34 ✓，同时要求程序输出结果为 a = "12",b = "34"，如何修改？

解决方案：限定用户输入数据为以下格式：12 ✓ 34 ✓，表明数据输入语句"scanf("%d%d", &a, &b);"不能进行修改；要求程序输出结果为 a = "12",b = "34" 表明在输出时增加了 4 个 " 字符，故将语句"printf("a = %d, b = %d\n", a, b);"修改为"printf("a = \"%d\", b = \"%d\"\n", a, b);"。

程序验证如图 3-12 所示。

图 3-12　程序修改后的仿真图

知识解析：\" 为常见的转义字符，在程序运行时输出 " 符号，常见的转义字符序列如表 3-1 所示。

表 3-1　转义字符序列

字符	含义	字符	含义
\n	换行（Newline）	\a	响铃报警
\r	回车（但不换行）	\'	一个单引号
\0	空字符，通常用作字符串结束标志	\\	一个反斜线
\t	水平制表符	\?	问号
\v	垂直制表符	\ddd	1 ~ 3 位八进制 ASCII 码值代表的字符
\b	退格	\"	一个双引号
\f	换页	\xhh	1 ~ 2 位十六进制 ASCII 码值代表的字符

（6）设计程序使得用户可以以任意字符（回车、空格、制表符、逗号、其他）作为分隔符进行数据的输入。

解决方案：程序使得用户可以以任意字符作为分隔符进行数据的输入，因为任意符号不仅仅是传统数据输入所使用的回车、空格、制表符，那么需要将分隔符吸收，可采用 getchar() 函数，程序修改如下：

```
#include <stdio.h>                   // 标准输入 / 输出函数的头文件
int main()                          // 主函数
{ int a, b;                         // 定义变量a 和b
    scanf("%d", &a);                // 从键盘输入数据 a
    getchar();                      // 用作吸收分隔符
    scanf("%d", &b);                // 从键盘输入数据 b
    printf("a = %d, b = %d\n", a, b);  // 屏幕输出数据 a,b
}
```

程序验证如图 3-13~ 图 3-14 所示。

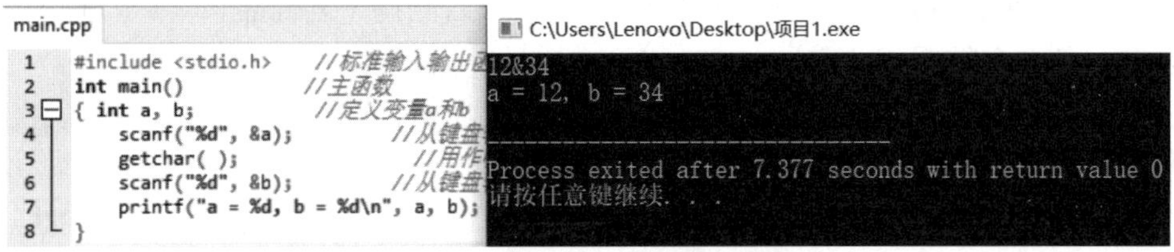

图 3-13　用 & 符号作为分隔符

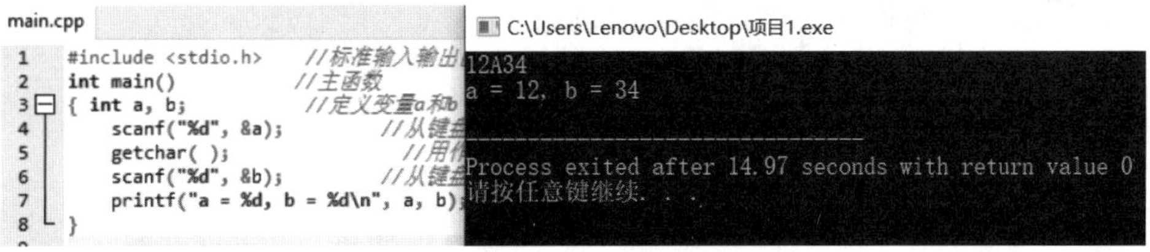

图 3-14　用大写字母 A 作为分隔符

知识解析：getchar() 的功能是从输入设备（键盘）输入一个字符并存入字符变量；scanf() 函数中格式定义字符为 %d，当遇到输入的不是整型数据时默认为数据输入结束，数据输入分隔符被 getchar() 获取，而 getchar() 只能存入 1 个字符，所以分隔符后面的数据被下面的 scanf() 送入 b 的地址。

案例延伸

（1）C 语言程序设计既要注重程序功能的实现，又要遵循"以人为本"的理念，人机交互过程中要考虑用户体验感。在岗位工作过程中，我们也需要从用户需求出发，进行换位思考，遵守职业道德，树立良好的职业形象，"微笑服务"。

（2）C 语言程序设计的数据输入输出通过调用库函数实现，所以需要牢牢掌握库函数的功能和格式。同时,C语言程序编写具有语言严谨、逻辑严密的特点,更加注重细节,这也恰好是我们做人的准则——做一个正直、思维严密、与人为善的人,工作中精益求精、一丝不苟。

案例 3 平台购物

案例导入

新冠肺炎疫情暴发并快速席卷全球。在这场同严重疫情的殊死较量中,中国人民和中华民族以敢于斗争、敢于胜利的大无畏气概,铸就了生命至上、举国同心、舍生忘死、尊重科学、命运与共的伟大抗疫精神。从白衣为甲、逆行出征的医务人员到大爱无疆、无私奉献的志愿者,从临危受命、紧急攻关的科研人员到无惧寒暑、坚守岗位的社区工作者……长城内外、大江南北,在没有硝烟的战场上,处处都有冲锋陷阵的身影,处处都闪耀着伟大抗疫精神的光芒。小明全家响应国家号召,同心抗疫,防止交叉感染,阻止疫情扩散,小明在网络平台购买了牛肉、大米、面粉(已知牛肉、大米、面粉的单价),当确定各商品重量(数量)时,计算小明应支付的总金额。

案例实现

1. 算法分析

(1)定义三个整型变量 num1、num2 和 num3,分别为牛肉、大米、面粉的数量;

(2)定义实数型变量 total,记录最终价格金额;

(3)根据总额 = 单价 × 数量,计算总金额;

(4)输出应付的价格总额。

2. 流程图表达

平台购物程序算法流程如图 3-15 所示。

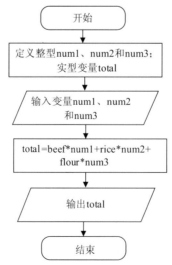

图 3-15 "平台购物"程序算法流程图

3. 代码编写

```c
#include <stdio.h>                              // 标准输入 / 输出函数的头文件
#include <stdlib.h>                             // system() 函数的头文件
#define beef 45                                 // 定义符号常量 beef 为 45 元 / 斤
#define rice 5                                  // 定义符号常量 rice 为 5 元 / 斤
#define flour 20                                // 定义符号常量 flour 为 20 元 / 袋
int main()                                      // 主函数
{
    int num1, num2, num3;                       // 定义所需变量
    float total;
    printf(" 请输入购买牛肉、大米、面粉的数量:\n");      // 输入提示语句
    scanf("%d%d%d",&num1,&num2,&num3);          // 输入数值
    total = beef * num1 + rice * num2 + flour * num3;   // 计算
    printf(" 应付金额为:%f\n",total);             // 向屏幕输出结果
    system("pause");                            // 暂停屏幕便于观察结果,按任意键退出
    return 0;
}
```

4. 程序仿真

程序的仿真结果如图 3-16 所示。

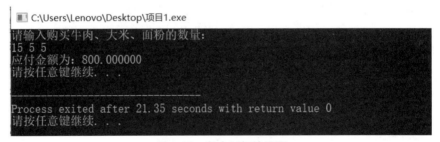

图 3-16　程序运行结果图

案例延伸

（1）我国疫情能够得到有效控制,得益于党和国家的正确领导,得益于白衣天使的守护,得益于全国人民团结一致、众志成城,所以我们要珍惜眼前的和平与宁静,做好个人防护,最终取得抗疫的全面胜利。

（2）在灾难面前,我们要时刻保持清醒,坚决服从党和国家的领导,坚守自己的本职工作,时刻准备着为国家和人民奉献自己的力量。

本章小结

本章要求如下。

（1）了解结构化程序设计的方法，掌握程序、算法、算法设计的基本概念。

（2）掌握顺序结构程序设计的方法。

（3）掌握格式输入 / 输出函数和字符输入 / 输出函数的使用。

（4）可以按照要求进行任意类型数据的读 / 写操作。

课后练习

一、选择题

1. 一个算法应该具有"确定性"等 5 个特性，下面对另外 4 个特性的描述中错误的是
（　　）。

A. 有零个或多个输入　　　　　　　　B. 有零个或多个输出

C. 有穷性　　　　　　　　　　　　　D. 有效性

2. 若定义 x 为 double 型变量，则能正确输入 x 值的语句是（　　）。

A. scanf("%f",x);　　　　　　　　　　B. scanf("%f",&x);

C. scanf("%lf",&x);　　　　　　　　　D. scanf("%7.2f",x);

3. 语句 scanf("%c%c%c",&a,&b,&c); 以下选项输入正确的是（　　）。

A.abc　　　　　　　　　　　　　　B. a b c

C. a,b,c　　　　　　　　　　　　　　D. a ↙ b ↙ c ↙

4. 有以下程序

```
#stdio.h<stdio.h>
int main()
{int m=3,n=4,x;
x=-m++;
x=x+8/++n;
printf("%d\n",x);}
```

程序运行后的输出结果是（　　）。

A.3　　　　　　　B. 5　　　　　　　C. -1　　　　　　　D. -2

5. 若变量 c 定义为 float 型，从终端输入 283.1900 后按回车键，能给变量 c 赋值以
283.19 的输入语句是（　　）。

A. scanf("%f",c);　　　　　　　　　　B. scanf("%8.4f",&c);

C. scanf("%6.2f",&c);　　　　　　　　D. scanf("%0.8f",&c);

6. 已知 int a,b; 用语句 scanf("%d%d",&a,&b); 输入 a,b 的值时，不能作为输入数据分隔
符的是（　　）。

A.,　　　　　　　　B. 空格　　　　　　　C. 回车　　　　　　　D. Tab 键

7. 下列程序的输出结果是（　　　）。

#stdio.h<stdio.h>

int main()

{printf("%f",2.5+1*7%2/4);}

A.2.500000　　　　　B. 2.750000　　　　　C. 3.37500　　　　　D. 3.000000

8. 有以下程序的输出结果是（　　　）。

#stdio.h<stdio.h>

int main()

{float a=57.666;

printf("&%010.2f&\n",a);

}

A.&0000057.66&　　B. &57.66&　　　　C. &0000057.67&　　D. &57.67&

9. 有以下程序

int main()

{int a,b,c,d;

scanf("%c,%c,%d,%d",&a,&b,&c,&d);

printf("%c,%c,%c,%c\n",a,b,c,d); }

若在 Visual C++6.0 下运行，从键盘输入：6,5,65,66 ↙，则输出结果是（　　　）。

A. 6,5,A,B　　　　B. 6,5,65,66　　　　C. 6,5,6,5　　　　D. 6,5,6,6

10. 有以下程序

int main()

{char c1='a',c2='b',c3='c';

printf("a%cb%cc%cabc\n",c1,c2,c3); }

若在 Visual C++6.0 下运行，则输出结果是（　　　）。

A. aabbccabc　　　　B. abc　　　　　C. abcabc　　　　D. aabcabc

二、编程题

1. 输入三个小写字母，输出其对应的大写字母。

2. 输入正方形的边长，输出其周长和面积。

3. 输入任意三位数，将其各位数字反序输出。

4. 输入整型变量 a 和 b 的值，交换它们的值并输出。

5. 输入任意三位数，将其个位、十位、百位分离出来，并进行输出。

第 4 章　选择结构

学习目标

知识目标

（1）能够运用流程图描述选择结构的执行过程。

（2）熟练运用 if 语句、if...else 语句、if...else...if 语句、if 嵌套语句。

（3）熟练使用 switch 语句应用于多分支情况的选择。

技能目标

（1）能够运用 if 语句、if...else 语句、if...else...if 语句、if 嵌套语句解决实际问题。

（2）能够运用 switch 语句解决多分支问题。

（3）能够依据选择结构算法流程图完成程序代码的编写。

（4）能够综合应用选择结构解决复杂问题。

素质目标

（1）具有勤俭节约、勤奋踏实、爱护环境、乐善好施、团结互助的中华传统美德。

（2）能够树立崇高的职业理想和家国使命感。

（3）具有刻苦钻研、勇于探索的科学精神。

（4）具有较强的逻辑思维能力、批判性思想及创新型思维。

学习重点、难点

重点

（1）掌握 C 语言选择结构的程序设计。

（2）掌握 if 语句、if...else 语句、if...else...if 语句的语法、功能及实际应用。

（3）掌握 switch 语句的语法、功能及实际应用。

难点

（1）掌握 if 多重嵌套语句的应用。

（2）掌握 if...else...if 语句、switch 语句的区别，能够根据问题正确选择编程语句。

（3）能够综合应用选择结构语句解决复杂问题，完成程序编写。

案例 1　体重指数

案例导入

肥胖症是一种社会性慢性疾病,是指机体内热量的摄入大于消耗,造成体内脂肪堆积过多,导致体重超常的病症。体重指数与身高、体重的关系是:体重指数 t=w/(h•h)(w 表示体重,单位为 kg;h 表示身高,单位为 m),当 t<18 时,偏瘦;当 $18 \leqslant t < 25$ 时,正常;当 $25 \leqslant t < 27$ 时,超重;当 $t \geqslant 27$ 时,肥胖。肥胖可见于任何年龄,40~50 岁多见,女多于男。女性脂肪分布以腹、臀部及四肢为主,男以颈及躯干为主。导致肥胖症的原因有:热量摄入过多,尤其高脂肪或高糖饮食均可导致脂肪堆积;缺乏运动,能量消耗低,未消耗的能量以脂肪的形式储存于全身脂肪库中;肥胖者胰岛素分泌偏多,且又存在胰岛素抵抗,脂肪细胞膜上胰岛素受体较不敏感,脂肪细胞上单位面积的胰岛素受体密度减少,也促进脂肪合成等。肥胖者容易导致高脂血症、高血压、糖尿病、心脏病、皮肤病等疾病的发生。

发明达人小明,想研发一款体重指数自动测量和显示设备,需要用 C 语言完成程序代码的开发,我们如何帮助小明呢?

相关知识

在现实生活中,我们面临选择的时候要先判断再选择;在 C 语言程序中选择问题解决方案时要先进行判断,再选择执行某组语句的结构形式,这种结构称为选择结构。选择语句主要由 if 语句和 switch 语句来实现。

1. 简单 if 语句

简单 if 语句也称为单分支选择,是最基本、最简单的形式。

1)语法格式

简单 if 语句的使用格式如下。

(1)if(表达式) 单语句;

(2)if(表达式)

　　{

　　　　语句块;

　　}

说明:

(1)表达式:为关系型或逻辑型表达式,也可是常量。

(2)当语句不止一句时,必须用 { } 写成复合语句。

2)执行过程

先判断表达式的值,如果为“真”,则执行语句;如果为“假”,则跳过 if 语句,执行 if 语句之后的顺序结构部分。

简单 if 语句流程如图 4-1 所示。

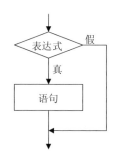

图 4-1　简单 if 语句流程图

2. 标准 if...else 语句

标准 if...else 语句也称为双分支选择,是最常用的形式。

1)语法格式

if...else 语句的使用格式如下:

if(表达式)

　　　{ 语句块 A}

　else

　　　{ 语句块 B}

标准 if...else 语句流程如图 4-2 所示。

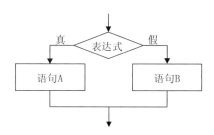

图 4-2　标准 if...else 语句流程图

说明:

(1)else 部分必须与 if 成套使用,不能单独使用;

(2)表达式必须用 ( ) 括起来,且末尾不加分号,语句块内的子句均须加分号。

2)执行过程

表达式值为"真",执行语句块 A 后跳过语句块 B,再执行后续语句;表达式值为"假",跳过语句块 A 执行语句块 B 后,再执行后续的语句。

3. if...else...if 语句

if...else...if 语句也称为多分支选择,是特殊的嵌套 if 语句。

1)语法格式

if(表达 1) 语句 1;

else if(表达式 2) 语句 2;

else if(表达式 3) 语句 3;

......

else if(表达式 n-1) 语句 n-1;

else 语句 n;

if...else...if 语句流程如图 4-3 所示。

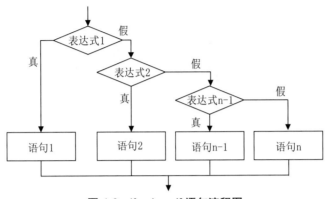

图 4-3　if...else...if 语句流程图

说明：

（1）不断在 else 子句中嵌套简单 if 语句，从而形成多层嵌套（多分支）；

（2）从上到下逐一对 if 后表达式进行检测，当某个表达式的值为非 0 时，就执行其子句中的语句，而其余部分直接跳过不再执行；如果所有表达式的值都为 0，则执行最后一个 else 的子句。

2）执行过程

先计算条件表达式 1 的值，如果条件表达式的值为真，则执行若干条语句 1 部分；否则计算条件表达式 2，若为真，则执行若干条语句 2；依此类推，若前面的条件表达都为假，则执行最后一个 else 操作语句 n。

案例实现

1. 算法分析

（1）定义三个变量 t、w、h，分别代表体重指数、体重和身高，由于会出现小数，所以类型定义为 float 型；

（2）使用输入函数 scanf() 从键盘获取两个数值，分别赋值给 w、h；

（3）根据公式 t=w/(h•h) 计算体重指数；

（4）使用 if...else 语句，根据 t 值输出体重指数与胖瘦评定结果。

2. 流程图表达

体重指数程序算法流程如图 4-4 所示。

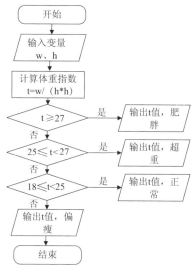

图 4-4　"体重指数"程序算法流程图

3. 代码编写

```
#include <stdio.h>                                           // 标准输入 / 输出函数的头文件
#include <stdlib.h>                                          // system() 函数的头文件
int main()                                                   // 主函数开始
{
    float t,w,h;                                             // 定义三个 float 型变量
    printf(" 请输入体重（kg）和身高 (m)（以空格分隔）:");          // 提示输入数据
    scanf("%f%f",&w,&h);                                     // 输入体重、身高
    t=w/(h*h);                                               // 计算体重指数
    printf("-----------------------------------------------\n");
    printf(" 对照表:t<18: 偏瘦 18<=t<25: 正常体重 25<=t<27: 超重 t>=27: 肥胖 \n");
    printf("-----------------------------------------------\n");
    if(t>=27)                                                // 判断 t 大于等于 27 吗
    printf(" 你的体重指数是:%.2f,肥胖！\n\n",t);                // 打印结果,保留 2 位小数
    else if(25<=t && t<27)                                   //t 小于 27 并且大于等于 25 吗
        printf(" 你的体重指数是:%.2f,超重！\n\n",t);
    else if(18<=t && t<25)                                   //t 小于 25 并且大于等于 18 吗
        printf(" 你的体重指数是:%.2f,正常体重！\n\n",t);
    else                                                     // 以上都不满足,则 t 小于 18
        printf(" 你的体重指数是:%.2f,偏瘦！\n\n",t);           // 打印结果,保留 2 位小数
    system ("pause");                                        // 暂停屏幕,按任意键退出
    return 0;                                                // 主函数返回值
}
```

4. 程序仿真

程序的仿真结果如图 4-5 所示。

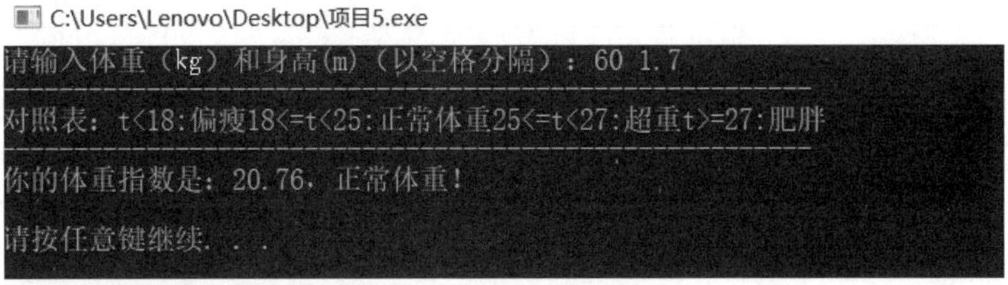

C:\Users\Lenovo\Desktop\项目5.exe

请输入体重（kg）和身高(m)（以空格分隔）: 60 1.7

对照表：t<18:偏瘦18<=t<25:正常体重25<=t<27:超重t>=27:肥胖

你的体重指数是：20.76，正常体重！

请按任意键继续. . .

图 4-5　程序运行结果图

案例延伸

（1）在选择问题解决方案时,注意解决方案的逻辑性,按照逻辑过程不断地进行判断和选择,同学们在日常问题的处理过程中也要注意事物内在的逻辑性,养成良好的逻辑思维。

（2）肥胖症是一种常见的慢性病,能够诱发其他多种疾病的发生。俗话说"本固枝荣,根深叶茂",在日常生活中大家要注意自己的饮食、加强身体锻炼。身体是学习、生活、工作的根本,健康是幸福的源泉,所以大家在学习技能、知识的同时,还要提高身体素质,保持乐观积极的人生态度,不惧挫折。

案例 2　阶梯电价

案例导入

我国是一个人口众多、能源和资源人均拥有量很低的国家。近年来我国能源供应不足、环境压力加大等矛盾逐步凸显,煤炭等一次能源价格持续攀升。国家推行"居民阶梯电价",建立"多用者多付费"的阶梯价格机制,有助于形成节能减排的社会共识,促进资源节约型、环境友好型社会的建设。改革开放以来,伴随着我国经济社会的持续快速发展,资源约束、环境污染、气候变化等一系列挑战接踵而至。我国未来只能选择"科技含量高、经济效益好、能源消耗低、环境污染少"的经济发展模式。在全社会形成节能减排共识,推行"居民阶梯电价"是国家资源利用可持续发展的必经之路。

小明家所居住城市积极响应国家政策,实行阶梯电价,他想知道他家每年需要支付多少电费,希望你能够帮助他编写一个"阶梯电价"的用电量和电费缴纳程序。小明所住城市阶梯电价中居民用户分档和缴费标准如表 4-1 所示。

表 4-1 居民用户分档和缴费标准

用电分类	年用电量 / 度	电价 /（元 / 度）
第一档	0 ～ 200	0
	201 ～ 2160	0.498
第二档	2161 ～ 4200	0.548
第三档	≥ 4201	0.798

注：年总用电量小于等于 200 度的默认为贫困户，通过免收电费的方式节约居民开支。

居民用电量计算方式为：

（1）年总用电量小于等于 200 度的收取费用为 0 元；

（2）年总用电量大于 200 度的收费为按档收费，即居民用电按照先第一档，再第二档，最后第三档的次序对应的电价计算电费。

相关知识

当程序中供选择的情况有两种以上时，可使用多个 if 语句进行判断，即在一个 if 语句中包含另外一个 if 语句，从而构成 if 的嵌套使用。嵌套在内的 if 语句，可以嵌套在 if 的子句中，也可以嵌套在 else 的子句中。

1. 嵌套 if 语句语法格式

常见的嵌套 if 语句格式有如下几种。

1）简单 if 语句内嵌标准 if...else 语句

if(表达式 1)

    if(表达式 2)

        {语句块 1} ⎫

    else   ⎬ 标准 if...else 语句

        {语句块 2} ⎭

2）标准 if...else 语句内嵌简单 if 语句

if(表达式 1)

    if(表达式 2) ⎫

        {语句块 1} ⎬ 简单 if 语句

else

    {语句块 2}

3）标准 if...else 语句内嵌标准 if...else 语句

if(表达式 1)

```
if(表达式 2)
    {语句块 1}          } 标准 if...else 语句
else
    {语句块 2}
else
    if(表达式 3)
        {语句块 3}      } 标准 if...else 语句
    else
        {语句块 4}
```

2.if 与 else 的配对规则

if 语句在出现嵌套形式时,经常会弄错 if 与 else 的配对关系,特别是当 if 与 else 的数量不对等时。因此,必须掌握 if 与 else 的配对规则。

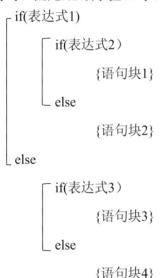

说明:

(1)嵌套灵活,if、else 子句之一或两者可再嵌套任何形式的 if 语句;

(2)在多个嵌套的 if 语句中,else 总是与离它最近的且没有匹配过的 if 配对;

(3)书写格式上也要注意程序的层次感,优秀的程序员应该养成这种习惯,以便他人阅读和自己修改程序;

(4)通过对嵌套部分添加 {} 构成复合语句,来强制确定配对关系,增强程序的可读性。

案例实现

1. 算法分析

(1)定义五个变量 m、t、a、b、c,分别代表电费总价、总用电量、一档用电量、二档用电量、三档用电量;t、a、b、c 数据类型定义为 int 型,电费总价计算过程中会出现小数,所以 m 数据类型定义为 float 型;

（2）使用输入函数 scanf() 从键盘获取总用电量数值，赋给 t；

（3）根据电费公式计算电费；

（4）使用 if...else 嵌套语句，根据 t 值计算出电费总价和各档用电量。

2. 流程图表达

"阶梯电价"程序算法流程如图 4-6 所示。

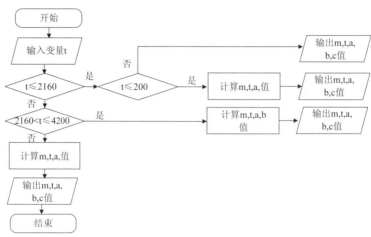

图 4-6 "阶梯电价"程序算法流程图

3. 代码编写

```
#include <stdio.h>                        // 标准输入 / 输出函数的头文件
#include <stdlib.h>                       // system() 函数的头文件
int main()                                // 主函数开始
{
    int t=0,a=0,b=0,c=0;                  // 定义四个 int 型变量
    float m=0.0;                          // 定义一个 float 型变量
    printf(" 请输入您的年消费电量值:");    // 提示输入数据
    scanf("%d",&t);                       // 年消费电量值
printf("-----------------------------------------------------------\n");
printf("\t0<=t<=2160\t 电费单价为 0.498 元 \n\t2161<=t<=4200\t 电费单价为 0.548 元
\n\tt>=4201  \t 电费单价为 0.798 元 \n");
printf("-----------------------------------------------------------\n");
if(t<=2160)                              // 判断 t 小于等于 2160 吗
    { if(t<=200 )                        // 判断 t 小于等于 200 吗
    {
      printf(" 您的年总用电量为 %d\n 总的电费为 %.2f\n 一档耗电量为 %d\n 二档耗电
量为 %d\n 三档耗电量为 %d \n\n",t,m,a,b,c);
    }
```

```
        else
      {
        a=t;m=t*0.498;                      // 计算 a、m 值
        printf(" 您的年总用电量为 %d\n 总的电费为 %.2f\n 一档耗电
量为 %d\n 三档耗电量为 %d \n\n",t,m,a,b,c);
      }
      }
  else if(2161<=t&& t<=4200)                // t 小于等于 4200 并且大于等于 2161 吗
    {
      a=2160; b=t-2160;
      m=a*0.498+b*0.548;                    // 计算 a、b、m 值
      printf(" 您的年总用电量为 %d\n 总的电费为 %.2f\n 一档耗电量
为 %d\n 三档耗电量为 %d \n\n",t,m,a,b,c);
    }
  else                                      // 以上都不满足，则 t 大于 4200
    {
      a=2160; b=4200-2160; c=t-4200;
      m=a*0.498+b*0.548+c*0.798;            // 计算 a、b、c、m 值
      printf(" 您的年总用电量为 %d\n 总的电费为 %.2f\n 一档耗电量为 %d\n 二档耗电量
为 %d \n 三档耗电量为 %d \n\n",t,m,a,b,c);
    }
    system ("pause");                       // 暂停屏幕，按任意键退出
    return 0;                               // 主函数返回值
}
```

4. 程序仿真

程序的仿真结果如图 4-7 所示。

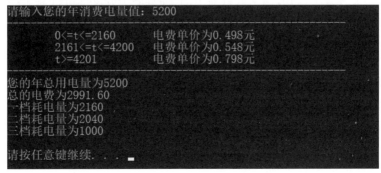

图 4-7　程序运行结果图

案例延伸

（1）嵌套 if 语句具有较强的灵活性，能够用于解决方案存在多选择通道的情况，需要注意：①在多个嵌套的 if 语句中，else 总是与离它最近的且没有匹配过的 if 配对；②抓住待解决问题的本质，对问题进行深入分析，依据判断条件实施不同步骤。同理，在日常生活中面临抉择时，要抓住事物本质，不要贪图一时享乐而耽误大好青春，不要做违背道德良心的事情。

（2）"居民阶梯电价"是建设资源节约型、环境友好型社会的途径之一，同学们在日常生活和学习过程中也要注意资源节约及合理分配，养成"人走灯灭"的好习惯。

案例 3　垃圾分类

案例导入

垃圾分类能够减轻环境污染、节省土地资源、加强对再生资源的利用，还能够提升民众的环保意识。垃圾分类就是将垃圾分门别类地投放，并通过分类清运和回收使之重新变成可利用资源，垃圾分类关键环节是垃圾分类投放。目前，国家已经出台了各项制度以推进垃圾分类项目的实施，但如何在居民中真正做好政策宣传、如何通过正确的引导让人们养成良好的环保意识和习惯，仍然存在诸多难点。

发明达人小明，为帮助大家养成良好的垃圾分类习惯和培养大家的环保意识，决定设计一款组合式垃圾存储装置，通过装置人机界面选择可回收物、厨余垃圾、有害垃圾、其他垃圾，然后对应种类垃圾投放口打开。小明已经完成硬件设计和电气线路设计，他请大家帮忙完成程序的开发和测试，以便尽快完成组合式垃圾储存装置的生产，从源头上帮助居民解决垃圾分类问题，提高居民垃圾分类意识，实现资源的再利用和环境美化。

相关知识

switch 语句又称开关语句，用来代替简单的、拥有多个分支的 if...else 语句，专门用来处理多分支选择问题。

1.switch 语句语法格式

```
switch( 表达式 )
{
    case 常量 1: 语句 1; break;
    case 常量 2: 语句 2; break;
          ……
    case 常量 n: 语句 n; break;
    default: 语句 n+1;
}
```

2. 执行流程

首先计算 switch 后表达式的值,然后依次与每个 case 中的目标值进行匹配,如果找到匹配的值,就执行相应 case 分支的语句块;如果没有匹配的目标值,则执行 default 分支的语句块,如图 4-8 所示。

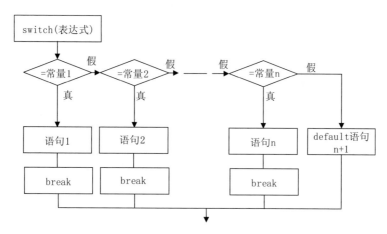

图 4-8　switch 语句流程图

3.switch 语句总结

(1)switch 后面括号内的表达式和 case 后的常量可以是任何数据类型,一般为整型或字符型。

(2)当表达式的值与某一个 case 后面的常量相等时,就执行此 case 后面的语句,若所有的 case 中的常量都没有与表达式的值匹配时,就执行 default 后面的语句。

(3)各个 case、default 分支出现的顺序没有要求,不影响执行结果,但习惯将 default 放在最后。此时,不写目标值,break 语句也可以省略,甚至整个 default 分支也可以省略。

(4)每一个 case 的常量必须不相等,否则就会出现矛盾的现象。

(5)执行完一个 case 后面的语句后,则流程控制转移到下一个 case 继续执行。因此,每一个 case 分支的最后都应有一个 break,以跳出 switch 语句。

(6)case 分支里如果有多条语句,不必用"{}"括起来,因为程序会自动顺序执行本 case 后面的所有语句。

(7)多个 case 可以共用一组执行语句。

如:case 'A':

　　case 'B':

　　case 'C': printf(">60\n");

　　……

当 switch 后面的表达式的值为 A、B、C 时,都会执行同一组语句。

(8)break 语句:又称中断语句。用在 switch 语句中以退出 switch 语句,结束分支结构。每一个 case 语句后依据需求设计 break,跳出循环体。

案例实现

1. 算法分析

（1）用输出函数 printf() 显示组合式垃圾存储装置的垃圾分类界面。

（2）定义一个整型变量 waste，并用 switch 语句来确定对应垃圾种类投放口打开的情况。

（3）用输出函数 printf() 显示垃圾种类。

2. 流程图表达

"垃圾分类"程序算法流程如图 4-9 所示。

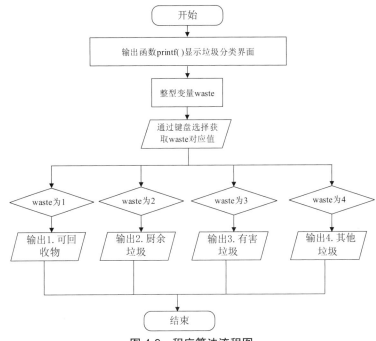

图 4-9　程序算法流程图

3. 代码编写

```c
#include <stdio.h>                                    // 标准输入 / 输出函数的头文件
#include <stdlib.h>                                   // system() 函数的头文件
int main()                                            // 主函数开始
{
    int waste=0;                                      // 定义一个整型变量用于存储垃圾信息
    printf(" 欢迎使用组合式垃圾分类装置 \n");          // 显示垃圾分类界面
    printf("--------------------------------------------\n");
    printf("          1. 可回收物          \n");
    printf("          2. 厨余垃圾          \n");
    printf("          3. 有害垃圾          \n");
```

```
    printf("          4. 其他垃圾          \n");
    printf("-------------------------------------------------\n");
printf(" 请选择【1~4】: ");                        // 提示输入所投放垃圾种类
scanf("%d",&waste);                              // 输入数字代表不同种类垃圾
switch(waste)                                    // 根据 waste 值决定垃圾投放口的开启
{
    case 1:                                      // 如果输入 1
        printf("\n 你选择了:可回收物,即将为您开启投放口 \n");// 选择了可回收物
        break;                                   // 跳出 switch 语句
    case 2:                                      // 如果输入 2
        printf("\n 你选择了:厨余垃圾,即将为您开启投放口 \n");   // 选择了厨余垃圾
        break;
    case 3:                                      // 如果输入 3
        printf("\n 你选择了:有害垃圾,即将为您开启投放口 \n");   // 选择了有害垃圾
        break;
    case 4:                                      // 如果输入 4
        printf("\n 你选择了:其他垃圾,即将为您开启投放口 \n");   // 选择了其他垃圾
        break;
    default:                                     // 如果输入其他值
        printf("\n 输入错误,请重新选择垃圾种类代码! \n");   // 则提示输入错误
}
printf("\n 感谢您参加垃圾分类活动,由于您的参与环境将更加美好! \n");
system ("pause");                                // 暂停屏幕,按任意键退出
return 0;                                        // 主函数返回值
}
```

4. 程序仿真

程序的仿真结果如图 4-10 所示。

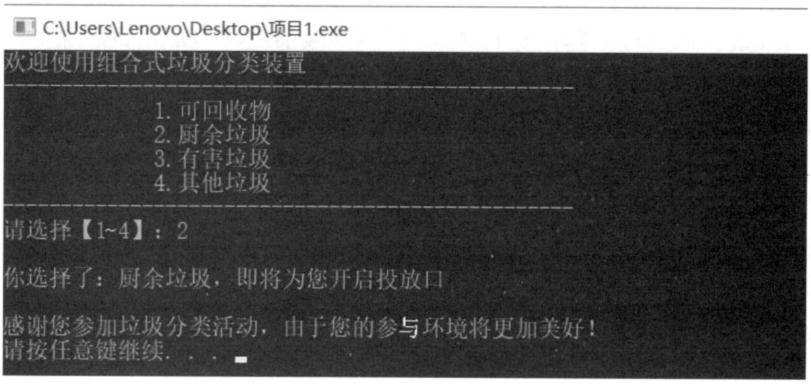

图 4-10　"垃圾分类"程序运行结果图

案例延伸

（1）switch 语句在使用过程需要注意 case 后面的值必须为常量表达式，不同 case 后面跟的常量表达式不同，以防止程序错乱，导致程序运行输出错误；需要注意的细节是 case 与常量表达式之间有空格，switch() 后面没有分号，细节的把握能够使我们提高编程效率，减少程序错误。同样，在日常生活中我们也需要注意细节问题，往往成功的关键在于细节，生活中处处是细节，例如：不要在公众场合大声喧哗、见到熟人主动打声招呼、不背后议论是非等，点点滴滴的细节能体现出个人素养。

（2）垃圾分类回收，可变废为宝，实现资源再利用，不仅可以提升资源的利用率，同时还可以降低垃圾处理费用，提升垃圾处理效率。垃圾分类，人人有责，同学们在日常生活中要注意垃圾分类的实施和垃圾分类的宣传，让我们共同努力，使我们的环境更加美好，我们的明天更加美好！

案例 4 龟兔赛跑

案例导入

乌龟和兔子进行赛跑，赛跑地点在学校操场环形跑道，跑道区域内可以随时随地进行休息。乌龟每分钟可以前进 3 m，兔子每分钟可以前进 9 m；兔子嫌弃乌龟跑得慢，觉得自己肯定能够跑赢乌龟。于是，每跑 10 min 就看一下乌龟，若发现自己超过乌龟，兔子就在跑道上休息，每次休息 30 min；否则就继续跑 10 min。乌龟虽然跑得慢，但是十分努力，一直跑，不休息。现假设乌龟与兔子在同一时间和同一地点开始比赛，请问 t 分钟后乌龟和兔子谁跑得远，能够赢得比赛？

案例实现

1. 算法分析

龟兔赛跑案例求解时需要设定比赛中乌龟和兔子前进距离和前进的时间；每 10min 兔子看乌龟，若发现自己超过乌龟则进行休息，否则继续前进，可以 if...else 选择语句完成；在到达比赛结束时间前，需要循环判断兔子是否达到休息条件，可用 while 循环语句实现，则：

（1）首先确定算法的变量，设置 t、t1、t2、W、T，数据类型为 int，分别代表比赛时间、乌龟比赛时间、比赛时间中间参数、乌龟前进距离、兔子前进距离；

（2）采用 if...else 选择结构判断兔子是否休息；

（3）采用 while 循环语句控制时间的增长。

2. 流程图表达

程序算法流程如图 4-11 所示。

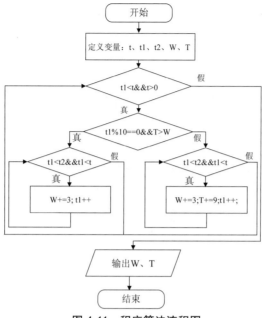

图 4-11　程序算法流程图

3. 代码编写

```
#include <stdio.h>                       // 标准输入 / 输出函数的头文件
#include <stdlib.h>                      //system() 函数的头文件
int main()                               // 主函数开始
{
    int t=0,t1=0,t2=0,W=0,T=0;           // 定义 5 个变量并赋初始值
    printf(" 请输入龟兔赛跑比赛时间:");    // 输入时间提示
    scanf("%d",&t);                      // 获取比赛时间
    while(t1<t&&t>0)                     // 在比赛时间内进行循环
    {
        if(t1%10==0&&T>W)               // 兔子休息
        {
            t2=t1+30;                   // 兔子休息结束的时间
            while(t1<t2&&t1<t)          // 兔子休息时间判断
            {
                W+=3;                   // 乌龟每分钟前进 3 m
                t1++;                   // 时间循环增加
            }
        }
```

```
        else                          // 兔子不休息
        {
        t2=t1+10;                      // 不满足条件,兔子前进
        while(t1<t2&&t1<t)             // 兔子前进时间判断
            {
            W+=3;                      // 乌龟每分钟前进 3 m
            T+=9;                      // 兔子每分钟前进 9 m
            t1++;                      // 时间循环增加
            }
        }
    }
printf(" 本场龟兔赛跑比赛结果是:") ;
if(W>T)                                // 判读龟兔赛跑比赛结果
printf(" 乌龟赢得比赛 \n 乌龟前进 %d 米,兔子前进 %d 米 \n",W,T);
else if(W==T)
printf(" 平局 \n 乌龟和兔子均前进 %d 米 \n",W);
else
printf(" 兔子赢得比赛 \n 乌龟前进 %d 米,兔子前进 %d 米 \n", W,T);
system ("pause");                      // 暂停屏幕,按任意键退出
return 0;
}
```

4. 程序仿真

"龟兔赛跑"程序仿真结果如图 4-12 所示。

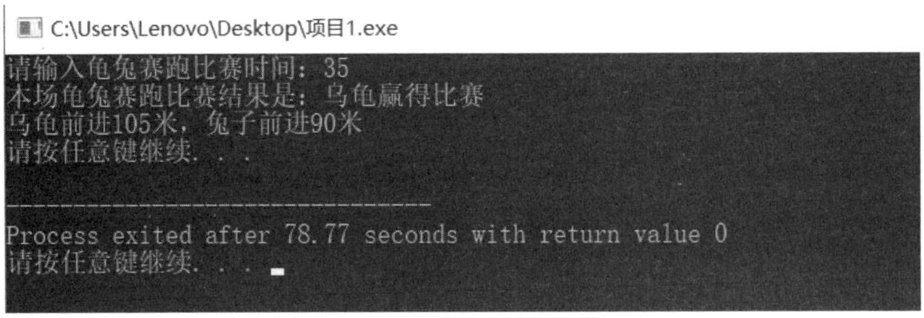

图 4-12 程序仿真结果

案例延伸

(1)"龟兔赛跑"程序编写较为复杂,面对复杂问题编程时要仔细思考、理清思路,最好用流程图的方式把程序设计过程整理出来,能够有效地帮助我们解决问题;同样在生活中,面对困难时,应保持头脑清晰,寻找解决困难的方法,迎难而上,积极乐观,对未来充满希望。

(2)《龟兔赛跑》的寓言故事告诉我们只有坚持不懈,始终如一地勤奋努力,才能抵达胜

利的终点。生活中大多数人都是"小乌龟",只要能够不断地学习,不断进步,勇于接受挑战,坚强地面对困难,争取每一次机会,战胜自我、挑战极限,胜利之神一定会垂青于你。

案例 5　多劳多得

案例导入

小明是一名大四的学生,毕业季来临即将踏上工作岗位,通过在大学四年的辛勤付出,小明具有较为扎实的理论基础和实践能力,被一家大型企业的销售岗位录用。薪资采用底薪加提成的方式计算:底薪(2000 元)+ 销售业绩提成,每个人想拿到高薪就必须努力工作。销售业绩和提成比例如下:

(1)当销售额≤2000 元时,没有提成;

(2)当 2000< 销售额≤4000 元时,提成比例为 5%;

(3)当 4000< 销售额≤6000 元时,提成比例为 10%;

(4)当 6000< 销售额≤10000 元时,提成比例为 15%;

(5)当销售额 >10000 元时,提成比例为 20%。

依据公司多劳多得的政策,小明想通过自己的努力,来提升自己的生活质量,报答父母的养育之恩,依据小明的销售额计算出小明的工资。

案例实现

1. 算法分析

从公司销售额和提成比例关系可以看出,不同销售额对应的提成比例不同,属于多分支选择情况,可采用 switch 条件语句解决该类型问题。又因为 switch 条件语句中 case 语句后面必须为整数且销售额数值较大,需要大量 case 语句,所以将销售额和提成比例进行关系转换,以千元为单位计算销售额系数:

(1)当销售额≤2000 时,case 语句中销售类别为 0、1、2;

(2)当 2000< 销售额≤4000 时,case 语句中销售类别为 3、4;

(3)当 4000< 销售额≤6000 时,case 语句中销售类别为 5、6;

(4)当 6000< 销售额≤10000 时,case 语句中销售类别为 7、8、9、10;

(5)当销售额 >10000 时,用 default 语句。

由于采用 int 型数据类型,所以在当销售额不是 1000 的整数倍时,需要在 case 语句中为销售类别值加 1。

"多劳多得"案例设计实现的步骤如下:

(1)定义三个变量 wages、sales、x 分别代表工资、销售额和提成系数;

(2)利用 if...else 语句对销售额和提成系数关系进行转换;

(3)利用 switch 条件语句依据不同 case 语句常量(提成系数)计算销售提成和工资金额;

（4）将总工资、基本工资、销售提成输出显示在屏幕上。

2. 流程图表达

程序算法流程如图 4-13 所示。

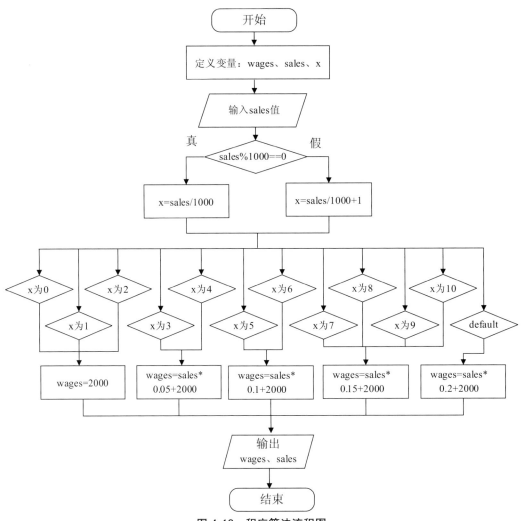

图 4-13　程序算法流程图

3. 代码编写

```
#include <stdio.h>                          // 标准输入 / 输出函数的头文件
#include <stdlib.h>                         //system() 函数的头文件
int main()                                  // 主函数开始
{
long wages=0;                               // 定义长整型变量工资
int x=0,sales=0;                            // 定义整型变量销售额和提成系数
printf(" 请输入您本月的销售总额:");          // 输入提示
```

```
scanf("%d",&sales);                              // 获取销售额
if(sales%1000==0)                                // 销售额是否是 1000 的倍数
x=sales/1000;                                    // 销售额是 1000 的倍数的提成系数
else
x=sales/1000+1;                                  // 销售额不是 1000 的倍数的提成系数
switch(x)
{
case 0:
case 1:
case 2: wages=2000;                              // 销售额≤ 2000,提成为 0,为基本工资
break;
case 3:
case 4: wages=sales*0.05+2000;                   //2000< 销售额≤ 4000 的工资计算
break;
case 5:
case 6: wages=sales*0.1+2000;                    //4000< 销售额≤ 6000 的工资计算
break;
case 7:
case 8:
case 9:
case 10: wages=sales*0.15+2000;                  //6000< 销售额≤ 10000 的工资计算
break;
default: wages=sales*0.2+2000;                   //10000< 销售额的工资计算
break;
}
printf(" 您本月的工资为 %ld, 完成销售额为 %d\n",wages,sales);  // 输出工资和销售额
system ("pause");                                // 暂停屏幕,按任意键退出
return 0;
}
```

4. 程序仿真

"多劳多得"程序仿真结果如图 4-14 所示。

图 4-14　程序仿真结果

案例延伸

现在大多数企业采用结构化工资,而底薪＋绩效的模式最为常见,该模式主要体现在多劳多得,鼓励员工通过自身的奋斗获得更多的劳动报酬、提升生活质量。在学习过程中,我们要有勤奋、刻苦、创新的精神,只有掌握过硬的本领和强大的工作能力,才能在职业生涯中乘风破浪、大展宏图。

本章小结

(1)掌握选择结构程序设计方法。
(2)掌握 if 语句、if...else 语句、if ...else...if 语句、嵌套 if 语句的语法结构、功能和应用。
(3)掌握 switch 语句的语法结构、功能和应用。
(4)掌握 if ...else...if 语句和 switch 语句的区别。

课后练习

一、选择题

1. 以下不正确的 if 语句形式是（   ）。

A.if（x>y&&x!=y）;   B.if（x==y）x+=y;
C.if(x!=y)scanf("%d",&x)   D.if(x<y){x++;y++;}

2. 当 a=1,b=3,c=5,d=4 时,执行完下面一段程序后 x 的值是（   ）。

if(a<b)
if(c<d) x=1;
else if(a<c)
if(b<d) x=2;
else x=3;
else x=6;
elsex=7;

A. 1   B. 2   C. 3   D. 6

3. C 语言的 switch 语句中,case 后（   ）。

A. 只能为常量
B. 只能为常量或常量表达式
C. 可为常量及表达式或有确定值的变量及表达式
D. 可为任何量或表达式

4. 下面程序的输出结果是（   ）。

int main()
{ int a=2,b=-1,c=2;
if(a<b)

```
f(b<0) c=0 ;
else c++;
printf(" d\n", c);
}
```

A.0　　　　　　　　　B.2　　　　　　　　　C.3　　　　　　　　　D.1

5. 以下 4 个选项中, 不能看作一条语句的是(　　)。

A. {;}　　　　　　　　　　　　B. a=0,b=0,c=0;

C. if(a>0);　　　　　　　　　　D. if(b==0) m=1; n=2;

6. 分析下面的代码, 如果 a=0.8, 那么输出结果为(　　)。

```
if(a<0.7)
printf(" 提示 1");
else if(a<1)
printf(" 提示 2");
else
printf(" 提示 3");
```

A. 提示 1　　　　　B. 提示 2　　　　　C. 提示 3　　　　　D. 均不正确

7. 有如下程序 :

```
int main()
{float x=2.0, y;
if(x<0.0) y=0.0;
else if(x>10.0)  y=1. 0/x;
else y=1. 0;
printf("%f\n",y);}
```

其输出结果是(　　)。

A.0.000000　　　　B.0.250000　　　　C.0.500000　　　　D.1.00000

8. 在 switch 结构中, (　　)子句不是必选项。

A.switch　　　　　B.case　　　　　C.Default　　　　　D.else

9. 设整型变量 a 和 b 的值分别为 8 和 9, printf("%d,%d",(a++,++b),b--); 的输出结果是
(　　)。

A.8,8　　　　　　　B.8,7　　　　　　　C.9,9　　　　　　　D.10,9

10. 为避免在嵌套的条件语句 else 中产生二义性, C 语言规定: else 子句总是与(　　)
配对。

A. 缩排位置相同的 if　　　　　　　B. 其之后最近的 if

C. 其之前最近的 if　　　　　　　　D. 同一行上的 if

11. 已知 a、b、c 的值分别是 1、2、3, 则执行下列语句后 a、b、c 的值分别是(　　)。

```
if( a ++<b){c=a; a =b;b=c}
else  a=b=c=0;
```

A.0,0,0　　　　　　B.1,2,3　　　　　　C.1,2,1　　　　　　D.2,2,2

12. 分析下面的代码, 若 a=6, 则输出结果是(　　)。

```
#include <stdio.h>
int main(){
int a;
scanf("%d",&a);
switch(a){
case 1:printf(" 星期一 ");
case 2:printf(" 星期二 ");
case 3:printf(" 星期三 ");
case 4:printf(" 星期四 ");
case 5:printf(" 星期五 ");
case 6:printf(" 星期六 ");
case 7:printf(" 星期日 ");
default:printf(" 输入错误 \ n");
}
return 0;
}
```

A. 星期六　　　　　　　　　　　　　B. 星期六星期日

C. 星期六 星期日 输入错误　　　　　D. 输入错误

二、程序题

1. 从键盘上任意输入一个三位数,要求正确分离出它的个位、十位、百位数,并分别在屏幕上显示。

2. 编写程序,根据学生的等级,输出学生的成绩范围,其中 A 级成绩范围为 90~100 分; B 级成绩范围为 80~89 分; C 级成绩范围为 70~79 分; D 级成绩范围为 60~69 分; E 级成绩范围为 0~59 分。

3. 编程来模拟一个简单的饮料自动售货机。售货机内装有柠檬汁、苹果汁、康师傅红茶、康师傅绿茶、王老吉凉茶 5 种饮料。要求在屏幕上显示出饮料列表,然后提示用户选择其中的一种,当用户输入正确选项后,在屏幕上显示出用户选择的结果。

4. 编程设计一个四则运算计算机,输入 2 个实数和运算符号,输出运算公式和结果。

5. 某网络平台 6 月 18 日搞活动,优惠政策如下:

(1)商品价格 <100 元,不享受优惠;

(2)100 ≤商品价格 <300,享受 9.5 折优惠;

(3)300 ≤商品价格 <500,享受 9 折优惠;

(4)500 ≤商品价格,享受 8.5 折优惠。

要求:编写一个程序,从键盘输入用户购买商品的总金额,在输出窗口显示用户实际支付的金额。

第 5 章　循环结构

学习目标

知识目标
（1）能够运用流程图描述循环结构的执行过程。
（2）掌握循环结构循环条件、循环次数的设计。
（3）掌握 while、do...while、for 三种循环结构语句的语法格式。
（4）掌握 break、continue、goto 三种流程转移语句的使用方法。

技能目标
（1）能够运用 while、do...while、for 三种循环结构思想解决实际问题。
（2）能够依据选择结构和循环结构算法完成程序代码的编写。
（3）能够综合应用顺序、选择、循环三种结构和嵌套结构解决复杂问题。

素质目标
（1）具有严谨细致、一丝不苟、精益求精的工匠精神。
（2）能够树立崇高的职业理想和家国使命感。
（3）具有刻苦钻研、勇于探索的科学精神。
（4）能够热爱中国传统文化，树立文化自信。
（5）具有勤奋踏实、乐善好施、团结互助的中华传统美德。
（6）具有较强的逻辑思维、批判性思维及创新型思维。

学习重点、难点

重点
（1）掌握 while 语句、do...while 语句、for 语句的语法、功能及实际应用。
（2）掌握 break 语句、continue 语句、goto 语句的语法、功能及实际应用。
（3）掌握循环嵌套结构的嵌套方式。

难点
（1）掌握循环结构、选择结构及多重嵌套语句的应用。
（2）掌握 for 语句的语法结构及参数表达式的含义和具体使用。
（3）能够利用循环结构和循环嵌套结构解决复杂问题。

案例 1　慈善募捐

案例导入

　　2021 年 7 月,河南郑州市遭遇历史罕见的极端特大暴雨天气,超过 555 万群众受灾,举国上下众志成城,支援郑州,帮助郑州群众渡过灾难、重建家园。一方有难八方支援,凝聚中国民族抗洪抗灾的强大合力,小明也想为河南的同胞们奉献自己的力量,帮助河南人民重建家园,他和同学商量后决定通过募集捐款的方式筹集善款。假设通过宣传的方式使更多的人参与其中,募捐活动开始后第 1 小时募集捐款 200 元,此后每个小时募集的捐款都比前面 1 小时的钱数多 200 元,每天募集 8 小时,通过 3 天的努力,他们团队可以为河南同胞募集多少捐款?

相关知识

　　循环结构又称为重复结构,可以完成重复性、规律性的操作。当给定的条件成立时,反复执行某个程序段(一条或多条语句),直到给定的条件不再成立为止。C 语言共有三种类型的循环语句:分别是 while 型语句、do...while 型语句和 for 型语句。

1. while 型语句

1)三种语法格式

while 型语句流程如图 5-1 所示。

(1)while (表达式) 循环体语句;

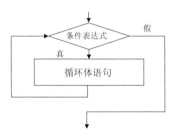

图 5-1　while 型语句流程图

(2)while (表达式)
　　　　循环体语句;
(3)while (表达式)
　　{
　　　　循环体语句;
　　}

2）执行过程

先计算循环条件（表达式）的值,值为真（非 0）,则执行循环体语句;值为假（0）退出循环。

3）注意事项

（1）while 循环语句的特点是先判断循环条件是否成立,然后决定是否执行循环体。

（2）当循环体由多个语句组成时,必须用"{}"括起来,形成复合语句,否则循环体有缺失。

（3）在循环体中应该有使循环趋于结束的语句,如循环控制变量自增或自减的变化,以避免"死循环"的发生。

（4）while（循环条件）后不能加";",加";"会造成循环条件与循环体的分离,真正的循环体将不被执行,这种小错误在程序调试排错时很难被发现。除非程序需要被设计为空循环,需要加";",代表是"死循环",即空循环,如下面的代码。

```
while(2>1);
{
printf(" 这是一个无限循环语句 ");
}
```

2. do...while 型语句

do...while 型语句流程如图 5-2 所示。

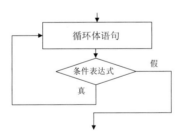

图 5-2　do...while 型语句流程图

1）语法格式

```
do
{
    循环体语句;
}
while( 表达式 );
```

2）执行过程

先执行一次循环体,再判断条件（表达式）的值,如果为真（非 0）,则反复执行循环体,直到表达式的值为假（0）退出循环。

3）注意事项

（1）与 while 循环语句相反,do...while 循环语句中 while() 后面的";"不能缺少。

（2）循环语句中也应该有使循环趋于结束的语句,以避免"死循环"的发生。

3. 循环语句对比

while 语句与 do...while 语句的对比如表 5-1 所示。

表 5-1　while 语句与 do...while 语句的对比

异同点	while	do...while
相同点	（1）都必须要确定循环变量初始值 （2）都必须要确定需反复执行的循环体语句 （3）循环体中都必须有使循环趋于结束的语句（否则会"死循环"）	

不同点	while(表达式)　// 无分号
	　　{
	　　　　循环体语句；
	　　}
		do
		{
		　　循环体语句；
		}
		while(表达式)；　// 有分号

	条件在顶部,先判断条件再执行,循环体可能一次也不执行	条件在底部,先执行循环体,再判断条件,循环体至少执行一次

案例实现

1. 算法分析

（1）定义两个整型变量,sum 存储求和的结果,i 作为循环控制变量；

（2）确定初始条件为"sum=0; i=200; ",循环条件为"i<=24",循环体为"sum=-sum+200*i;",循环控制变量为 i++（也就是使循环趋于结束的语句）；

（3）使用 while 循环语句或 do...while 循环语句实现小明 3 天共 24 小时募款数的累加求和。

2. 流程图表达

慈善募捐 while 语句算法流程如图 5-3 所示。

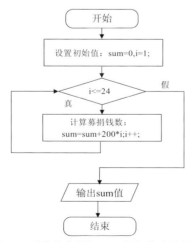

图 5-3　"慈善募捐"while 语句算法流程图

3. 代码编写

1）用 while 循环语句实现

```
#include <stdio.h>              // 标准输入 / 输出函数的头文件
#include <stdlib.h>             // system 函数的头文件
int main()                      // 主函数开始
{
    int sum=0,i=1;              // 定义变量并设置循环初值
    while(i<=24)                // 设置循环条件
    {
    sum=sum+200*i;             // 从 1 开始逐次累加,并将结果保存到 sum 中
    i++;                        // 循环控制变量自增,使循环趋于结束
    }
    printf(" 募集总钱数是:%d\n 元 ",sum);
  system ("pause");             // 暂停屏幕,按任意键退出
  return 0;
}
```

2）用 do...while 循环语句实现

```
#include <stdio.h>              // 标准输入 / 输出函数的头文件
#include <stdlib.h>             // system 函数的头文件
int main()                      // 主函数开始
{
    int sum=0,i=1;              // 定义变量并设置循环初值
  do                            // 设置循环条件
    {
    sum=sum+200*i;             // 从 1 开始逐次累加,并将结果保存到 sum 中
    i++;                        // 循环控制变量自增,使循环趋于结束
    } while(i<=24);
    printf(" 募集总钱数是:%d 元 \n ",sum);
  system ("pause");             // 暂停屏幕,按任意键退出
  return 0;
}
```

4. 程序仿真

无论选择 while 循环语句或者是选择 do...while 循环语句实现程序的编写,程序的仿真结果是一致的,如图 5-4 所示。

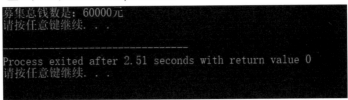

图 5-4 算法运行结果图

案例延伸

（1）注意 while 和 do...while 循环语句的 while() 后面是有一个"；"的区别,否则会使程序运行结果南辕北辙。细节决定成败,因此在今后的工作和学习过程中我们都需要具备细致严谨、精益求精的工匠精神。

（2）扶贫济困是中华民族优良传统,一方有难八方支援,"郑州抗洪"等事件,都能够反映出中国人民改造自然、对抗自然的信心和顽强毅力及中国人民团结一致的力量。"赠人玫瑰,手有余香",做慈善不仅能帮助有困难的同胞,也展现自我高尚的道德情操。付出必有收获,捐出金钱、物资,收获爱心、敬仰。

案例 2 棋盘麦粒

案例导入

相传国际象棋是古印度舍罕王的宰相达依尔发明的。舍罕王十分喜欢下国际象棋,决定让宰相自己选择何种赏赐。

这位聪明的宰相指着 8×8 共 64 格的国际象棋棋盘说:陛下,请您赏给我一些麦子吧,就在棋盘的第一个格子中放 1 粒,第 2 格中放 2 粒,第 3 格放 4 粒,以后每一格都比前一格增加一倍,依次放满棋盘上的 64 个格子,我就感恩不尽了。舍罕王让人扛来一袋麦子,他要兑现他的承诺。

国王能兑现他的许诺吗? 尝试 C 语言编程计算舍罕王共要多少麦子赏赐他的宰相,这些麦子合多少立方米?（已知 1 立方米麦子约 $1.42×10^8$ 粒）

总粒数 $=1+2+2^2+2^3+\cdots+2^{63}$

相关知识

for 循环语句是第三种循环语句,常用于循环次数已知的情况。

1.for 循环语句语法格式

for(表达式 1; 表达式 2; 表达式 3)
{
　　语句块（循环体）;

}

说明：

（1）for 是关键字，后面的"()"中包含三部分内容，它们之间只能用"；"分隔。

（2）表达式 1：赋值表达式，用于循环变量赋初值。

（3）表达式 2：关系表达式或逻辑表达式，用于循环控制调节。

（4）表达式 3：算术表达式或赋值表达式，用于循环量的变化。

（5）语句块：循环体，当有多条语句时，必须使用复合语句，使用"{}"把循环体括起来。

2. 执行过程

（1）表达式 1 的值（只一次，给循环控制变量赋初值）。

（2）表达式 2 的值：为真（非 0），执行循环体；为假（0），则退出 for 循环。

（3）执行完循环体后，表达式 3 的值，然后判断表达式 2 是否成立，如果成立继续循环，不成立则退出循环。

for 循环语句流程如图 5-5 所示。

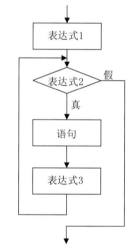

图 5-5　for 循环语句流程图

3.for 标准格式的变形

（1）表达式 1;

　　for(; 表达式 2; 表达式 3)

　　{

　　　　循环体语句 ;

　　}

（2）for(表达式 1; 表达式 2;)

　　{

　　　　循环体语句;

　　　　表达式 3;

　　}

（3）表达式 1;

　　for(; 表达式 2;)

```
    {
        循环体语句；
        表达式 3;
    }
```

（4）for(逗号表达式 1; 表达式 2; 逗号表达式 3)

　　;

逗号表达式 1：最终变量 + 循环控制变量（初始化）

逗号表达式 3：循环体 + 循环控制变量

4.for 语句小结

（1）for 循环语句特点：使用灵活、功能强大、程序短小简洁。

（2）建议使用标准格式，不要把与循环控制无关的语句放在括号内，从而便于阅读和调试程序。

案例实现

1. 算法分析

由于题目表明棋盘的第 1 格放 1 粒小麦，以后每一格所放麦粒数是前面的 2 倍，棋盘格数共 64 格，那么将每一个格麦粒数均是 2^{n-1} 颗麦粒，依次将每格麦粒相加，即可求出总的麦粒数，依次相加可用 for 循环语句实现。

（1）设置三个变量 n、term、sum 分别表示 for 语句循环变量、每格麦粒数、总麦粒数。

（2）利用 for 循环语句计算每格麦粒数之和，设置 sum 初始值为 1，从第二格开始累加求和。

（3）循环体语句为每格麦粒数计算和麦粒总数计算。

（4）输出麦粒总数，在屏幕显示。

2. 流程图表达

程序算法流程如图 5-6 所示。

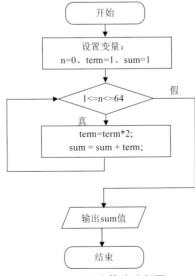

图 5-6　程序算法流程图

3. 代码编写

```
#include <stdio.h>                              // 标准输入 / 输出函数的头文件
#include <stdlib.h>                             //system() 函数的头文件
#define CONST  1.42e8                           // 定义字符常量用于折算麦粒立方数
int main()                                      // 主函数开始
{
    int n;
    double term = 1, sum = 1;                   // 累乘求积累加求和变量赋初值
    for (n=2; n<=64; n++)
    {
        term = term * 2;                        // 根据后项总是前项的 2 倍计算累加项
        sum = sum + term;                       // 作累加运算
    }
    printf(" 麦粒总数 sum = %e\n", sum);          // 打印总麦粒数
    printf(" 麦粒合立方米数 volum = %e\n", sum/CONST);   // 折合总麦粒体积数
    system ("pause");                           // 暂停屏幕,按任意键退出
    return 0;
}
```

4. 程序仿真

"棋盘麦粒"程序仿真结果如图 5-7 所示。

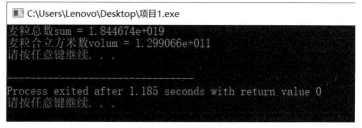

图 5-7　程序仿真结果

案例延伸

通过该案例我们可看出麦粒虽小,但贵在积累,通过一颗颗麦粒的累积,按照要求将棋盘放满,最终麦粒数总数竟然是天文数字。大家一定要明白,"积水成渊""聚沙成塔"的道理,相信只要通过每天不断努力,一步一个脚印,不断积聚知识和力量,我们终会实现我们心中的梦想,愿我们不忘初心、砥砺前行。

案例 3 九九乘法表

案例导入

大家所熟悉的乘法口诀 (也叫"九九歌") 在我国很早就已产生。最早于春秋鲁桓公时已有九九,成书于春秋战国间的《管子》,书中提到"安戏作九九之数以应天道"。在战国时代,九九口诀已经相当流行,诸子著作如《荀子》等已把乘法口诀的文句作为科学上的论证来引用了。最初的九九歌是以"九九八十一"起到"二二如四"止,共 36 句口诀。发出的汉朝"竹木简"以及在敦煌发现的古"九九术残木简"上都是从"九九八十一"开始的。"九九"之名就是取口诀开头的两个字。公元 5—10 世纪间,"九九"口诀扩充到"一一如一"。大约在宋朝 (公元 11、12 世纪),九九歌的顺序才变成和现代用的一样,即从"九九八十一"止。朱世杰著《算学启蒙》一书所载的 45 句口诀,称为九数法。用的乘法口诀有两种,一种是 45 句的,通常称为小九九;还有种是 81 句的,通常称为大九九。书中记,大九九最早见于清陈杰著的《算法大成》。

小明同学想用 C 语言程序在屏幕上打印出直角三角形的九九乘法表,那么如何才能实现呢?

相关知识

如果一个循环体内又包含了另一个完整的循环结构,这种形式就叫多重循环,又叫嵌套循环。按照循环的嵌套次数或级别,又有二重循环、三重循环等。一般将处于内部的循环称为内循环,处于外部的循环称为外循环。

1. 嵌套循环结构

前面学习了三种类型的循环结构,他们本身可以嵌套,例如 for 循环中包含另一个 for 循环;也可以相互嵌套,例如在 while 循环中嵌套 for 循环或者是 do...while 循环。

（1）while()
  {······
   while()
   { 循环结构
   }
  }
（2）do
  {······
   while()
   { 循环结构
   }
  }

（3）for(; ;)
　　{……
　　　for(; ;)
　　　{……
　　　　while()
　　　　{ 循环结构
　　　　}
　　　}
　　}

2. 三种循环结构的对比

（1）while 和 for 都是先判断后循环，而 do...while 是先循环后判断。do...while 循环至少要执行一次循环体，而 while 和 for 循环在条件不成立时，循环体一次也不执行。

（2）while 和 do...while 语句的条件表达式只有一个，控制循环结束的作用，循环变量的初值等都用其他语句完成；for 语句有三个表达式，不仅控制循环结束的作用，还可给循环变量赋初值。for 语句也可省略其中某些部分，如省略 for(；循环条件；) 时，完全与 while(循环条件) 等效，for 语句功能最强。

（3）三种循环都能嵌套，而且之间可以混合嵌套。

（4）三种循环都能用 break 结束循环，用 continue 开始下一次循环。

（5）对于同一问题，三种语句均可解决，但方便程度视具体情况而异。

案例实现

1. 算法分析

（1）直角三角形的九九乘法表是一个 9 行 9 列的表格形式，因此，需要用双重循环进行处理，设置 i、j 两个循环控制变量，其中 i 控制行，j 控制列。

（2）观察发现总共有 9 行，因此外层循环控制变量 i 的取值范围是 1<=i<=9；第 i 行有 i 个乘法式子；然后是换行，内层循环控制变量 j 的取值范围是 1<=j<=i；这是能否打印出直角三角形样式的乘法表的关键条件。

（3）确定循环 (终止) 条件：i<=9; j<=i; 循环变量的变化趋势：i++; j++; 即可得到：外层循环控制被乘数 i, for(i=1;i<=9;i++)，内层循环控制乘数 j, for(j=1;j<=i;j++)。

2. 流程图表达

程序算法流程如图 5-8 所示。

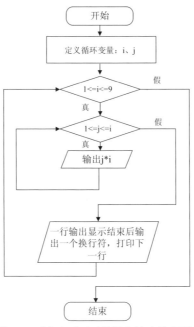

图 5-8 "九九乘法表"程序算法流程图

3. 代码编写

```
#include <stdio.h>                          // 标准输入 / 输出函数的头文件
#include <stdlib.h>                         //system() 函数的头文件
int main()                                  // 主函数开始
{
    int i,j;                                // 定义两个循环控制变量: 分别控制行和列
    printf("\n\t\t\t 九九表 \n");
    for(i=1;i<=9;i++)                       // 外层循环: i 控制"行", 从 1 到 9, 共 9 行
{
    for(j=1;j<=i;j++)                       // 内层循环: j 控制"列", 从 1 到 i, 第 i 行有 i 列
    printf(" %d*%d=%d\t",j,i,j*i);          // 输出一个乘法算式
    printf("\n");                           // 每行结束后, 进行换行处理
}
    system ("pause");                       // 暂停屏幕, 按任意键退出
    return 0;
}
```

4. 程序仿真

"九九乘法表"程序仿真结果如图 5-9 所示。

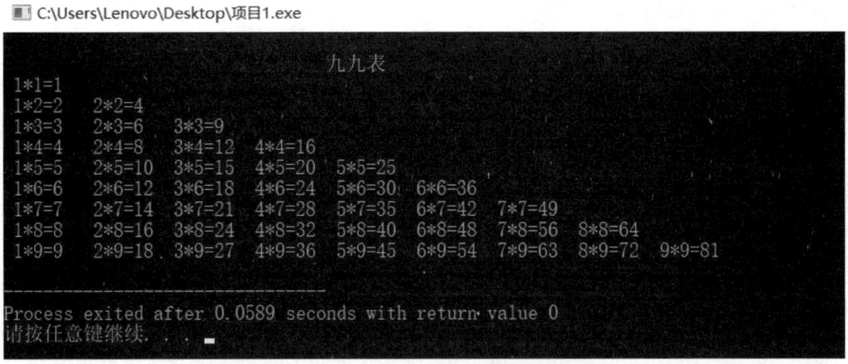

图 5-9　"九九乘法表"程序仿真结果

5. 程序扩展

小明已经知道如何在屏幕上打印出上三角的"九九乘法表"，他现在想打印出一个下三角的"九九乘法表"和一个正方形的"九九乘法表"，该如何编写程序呢？

1）下三角的"九九乘法表"程序

```c
#include <stdio.h>                    // 标准输入/输出函数的头文件
#include <stdlib.h>                   //system() 函数的头文件
int main()                           // 主函数开始
{
    int i,j;                         // 定义两个循环控制变量：分别控制行和列
    printf("\n\t\t\t 九九表 \n");
    for(i=1;i<=9;i++)                // 外层循环：i 控制"行"，从 1 到 9，共 9 行
{

    for(j=9;j>=i;j--)               // 内层循环：j 控制"列"，从 1 到 i，第 i 行有 i 列
    printf(" %d*%d=%d\t",j,i,j*i);  // 输出一个乘法算式
    printf("\n");                    // 每行结束后，进行换行处理
}

    system ("pause");                // 暂停屏幕，按任意键退出
    return 0;
}
```

下三角的"九九乘法表"程序仿真结果如图 5-10 所示。

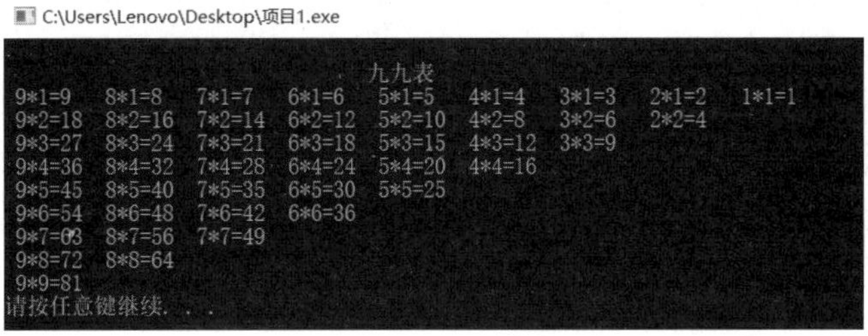

图 5-10　下三角"九九乘法表"程序仿真结果

2）正方形的"九九乘法表"程序

```
#include <stdio.h>                      // 标准输入 / 输出函数的头文件
#include <stdlib.h>                     //system() 函数的头文件
int main()                             // 主函数开始
{
    int i,j;                           // 定义两个循环控制变量：分别控制行和列
    printf("\n\t\t\t\t 九九表 \n");
    for(i=1;i<=9;i++)                   // 外层循环：i 控制"行"，从 1 到 9，共 9 行
    {
        for(j=1;j<=9;j++)              // 内层循环：j 控制"列"，从 1 到 i，第 i 行有 i 列
        printf(" %d*%d=%d\t",j,i,j*i);  // 输出一个乘法算式
        printf("\n");                  // 每行结束后，进行换行处理
    }
    system ("pause");                  // 暂停屏幕，按任意键退出
    return 0;
}
```

正方形的"九九乘法表"程序仿真结果如图 5-11 所示。

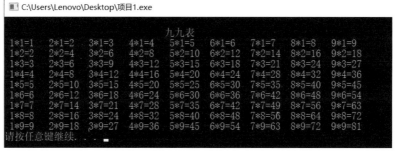

图 5-11　正方形"九九乘法表"程序仿真结果

大家对比一下不同形状"九九乘法表"的参考程序，发现了哪些不同呢？

案例延伸

（1）循环嵌套结构具有较强的灵活性，且程序设计相对较为复杂，在学习过程中一定要把握循环嵌套结构设计的核心（内、外嵌套循环语句表达式），打好基础、捋清思路，逐步理解各行程序代码所表达的含义，通过知识的点滴积累，吃透循环嵌套结构。在日常生活中，面对挫折和苦难，我们要有持之以恒，不畏惧、不退缩，攻坚克难的精神。

（2）"九九乘法表"起源于春秋战国时期，沿用至今已有 2000 多年的历史，是中国古代人民智慧的结晶。中国文化博大精深，作为一名炎黄子孙，我们应该感到骄傲和自豪。我们更要自豪地对待中华优秀传统文化，深入挖掘和提炼有益思想价值，大力继承和发扬具有中国特色、中国气派、中国风格的优秀文化。

案例 4　百钱买百鸡

案例导入

《张丘建算经》是我国古代数学著作(约公元 5 世纪)现传本有 92 问,比较突出的成就有最大公约数与最小公倍数的计算、等差数列问题的解决、不定方程问题求解等。百钱买百鸡是《张丘建算经》中一道著名的不定方程求解问题。百鸡问题:"鸡翁一,值钱五;母鸡一,值钱三;鸡雏三,值钱一。百钱买百鸡,问鸡翁、母、雏各几何?"其意为:公鸡每只 5 元,母鸡每只 3 元,小鸡 3 只 1 元,用 100 元买 100 只鸡,问公鸡、母鸡、小鸡各能买多少? 请用 C 语言编程的思想对这道著名的数学问题进行求解。

相关知识

for 循环嵌套结构是最常见和常用的循环嵌套,其语法格式如下:
for(表达式 1;表达式 2;表达式 3)
{
　　……
　　for(表达式 1;表达式 2;表达式 3)
　　{
　　　　……
　　}
　　……
}
表达式 1 是初始化表达式;表达式 2 是循环条件;表达式 3 是循环变量操作表达式。

案例实现

1. 算法分析

如果用一百钱单独买公鸡、母鸡、小鸡,那么公鸡最多买 20 只,母鸡最多买 33 只,小鸡最多买 300 只,但是题目要求公鸡、母鸡、小鸡的总和是 100 只;又说公鸡、母鸡、小鸡各多少只,表明购买公鸡、母鸡、小鸡数量大于等于 1 只。所以,买公鸡的数量是 1 到 20 之间,母鸡的数量是 1 到 33 之间,小鸡的数量是 3 到 99 之间。

那么"百钱买百鸡"的算法分析如下。

(1)首先确定算法的输入变量,设变量为 cock、hen、chicken 分别储存公鸡、母鸡、小鸡的数量,依据上述分析可得 :1<=cock<=20, 1<=hen<=33, 3<=chicken<=99, cock+hen+ chicken=100,5*cock+3*hen+chicken/3=100。

(2)采用三层 for 嵌套循环结构控制 cock、hen、chicken 的值,第一层 for 循环控制 cock 值,第二层 for 循环控制 hen 值,第三层 for 循环控制 chicken 值。

（3）采用条件选择 if 语句判断是否同时满足题目要求，筛选出 cock+hen+chicken=100，5*cock+3*hen+chicken/3=100 同时满足的结果。

（4）输出符合"百钱买百鸡"条件下的 cock、hen、chicken 数量。

2. 流程图表达

程序算法流程如图 5-12 所示。

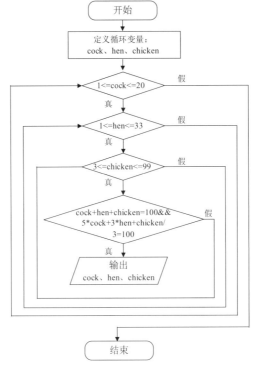

图 5-12 "百钱买百鸡"程序算法流程图

3. 代码编写

```
#include <stdio.h>                              // 标准输入 / 输出函数的头文件
#include <stdlib.h>                             //system() 函数的头文件
int main()                                      // 主函数开始
{
int cock,hen,chicken;                           // 定义三个变量：分别表示公鸡、母鸡、小鸡数
printf(" 百钱买百鸡的方式如下：\n\n") ;          // 输出问题显示
    for(cock=1; cock<=20; cock++)               // 一层 for 控制公鸡数量
    for(hen=1; hen<=33; hen++)                   // 二层 for 控制母鸡数量
    for(chicken=3; chicken<=99; chicken= chicken+3)// 三层 for 控制小鸡数量
    {
        if(5* cock+3* hen+chicken /3==100&& cock+hen+chicken ==100)
                                                // 筛选符合条件的数量
```

```
        printf("\t 公鸡数 %3d\t 母鸡数 %3d\t 小鸡数 %3d\n", cock, hen, chicken);
                                        // 输出符合条件的公鸡、母鸡、小鸡数量
    }
    system ("pause");                    // 暂停屏幕,按任意键退出
    return 0;
}
```

4. 程序仿真

"百钱买百鸡"程序仿真结果如图 5-13 所示。

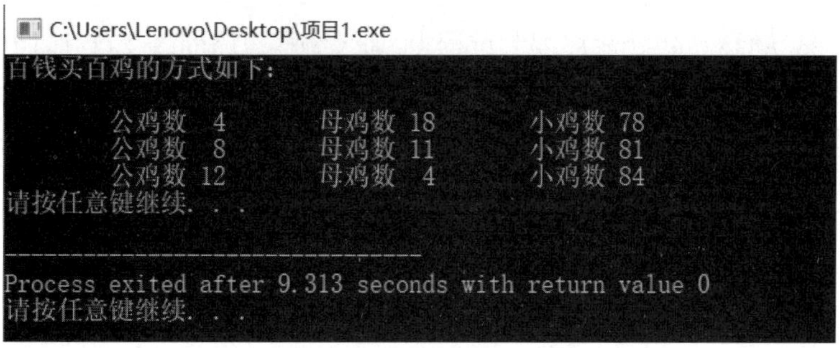

图 5-13　"百钱买百鸡"程序仿真图

5. 程序扩展

上述算法程序是利用穷举法对所有可能的情况进行筛选,所以计算机在筛选过程中需要尝试 20×33×33=21780 次,才能得到最终的效果。为提高计算效率,可对"百钱买百鸡"问题进行思考和优化,即当 cock, hen 的数量确定时依据题意可得 chicken=100-cock-hen 的值,那么可将三层结构 for 循环嵌套降级为二层结构 for 循环嵌套,减小程序循环次数。优化后的程序代码如下。

```
#include <stdio.h>                 // 标准输入 / 输出函数的头文件
#include <stdlib.h>                //system() 函数的头文件
int main()                         // 主函数开始
{
int cock,hen,chicken;              // 定义三个变量:分别表示公鸡、母鸡、小鸡数
printf(" 百钱买百鸡的方式如下 : \n\n") ; // 输出问题显示
    for(cock=1; cock<=20; cock++)       // 一层 for 控制公鸡数量
    for(chicken=3; chicken<=99; chicken+=3) // 二层 for 控制母鸡数量
    {
        hen=100- cock- chicken;
        if(5* cock+3* hen+chicken /3==100&& cock+hen+chicken ==100)
                                        // 筛选符合条件的数量
        printf("\t 公鸡数 %3d\t 母鸡数 %3d\t 小鸡数 %3d\n", cock, hen, chicken);
```

```
                                        // 输出符合条件的公鸡、母鸡、小鸡数量
        }
    system ("pause");                    // 暂停屏幕,按任意键退出
    return 0;
}
```

优化后的"百钱买百鸡"程序依然采用 for 循环嵌套结构进行穷举法尝试,但是只需要尝试 20×33=660 次,大大减少了程序尝试的次数,缩短运算时间,提高运行效率。

案例延伸

(1)在"百钱买百鸡"案例程序编制过程中,通过编程思路的改变,程序循环次数减少为总次数的 99%,大大提升了程序运行效率,所以在编程时只要多思考、善于变通就能够达到事半功倍的效果。古人云:"穷则思变,变则通,通则达。"生活和工作中,要做到解放思想、实事求是,做一个创新型、务实型的新青年。

(2)"百钱买百鸡"利用手工计算无疑是愚公移山,利用 C 语言编程和计算机科技,我们能够快速得到结果,所以要关注科技发展,学会利用新思维、新方法、新技术、新手段解决问题。

案例 5　韩信点兵

案例导入

韩信,泗水郡淮阴县(今江苏省淮安市淮安区、淮阴区)人。汉朝西汉开国功臣、军事家,"汉初三杰""兵家四圣",古代"军事思想""兵权谋家"的代表人物,被后人奉为"兵仙""神帅",著有《韩信兵法》三篇。现在比较出名的典故《胯下之辱》讲的便是韩信面对逆境和耻辱的时候忍辱负重、卧薪尝胆、发奋图强,最终成为一代名将的故事。相传汉高祖刘邦问大将军韩信统御士兵人数,韩信回答道:士兵排成一列报数,按从 1 至 5 报数,最末一个士兵报的数为 1;按从 1 至 6 报数,最末一个士兵报的数为 5;按从 1 至 7 报数,最末一个士兵报的数为 4;按从 1 至 11 报数,最末一个士兵报的数为 10。刘邦听完一头雾水,不知所措。假如你是刘邦的军师,你能帮刘邦解决这个问题,计算出韩信有多少兵吗?

相关知识

流程跳转语句用于实现程序执行流程的跳转,主要有 break 语句、continue 语句、goto 语句三种。

1.break 语句

1)语法格式

break;

2）功能

跳出（终止）循环结构，或跳出 switch 开关语句。

3）说明

（1）只用在循环结构或 switch 开关语句中。

（2）在循环结构中，break 常常和 if 语句连用，表示当满足某条件时立即结束循环（加速循环）。

（3）由于循环可以嵌套，故 break 只能跳出其所在的那层循环，而不能跳出所有循环（外层循环还要执行）。

4）举例结束循环和加速循环

结束循环和加速循环举例见表 5-2。

表 5-2　结束循环和加速循环举例

结束循环	加速循环

`for(i=1;i<=1000;i++)`
`{`
　　　`sum=sum+i;`
　　　`if(sum>1000) break;`
`}`
	`for(i=1;i<=100;i++)`
	　　`for(j=1;j<=100;j++)`
	　　`{`
	　　　　`sum=sum+i*j;`
	　　　　`if(sum>10000) break;`
	　　`}`

结束循环功能：用于单循环结构中，且常与 if 选择语句配合使用，当满足一定条件时结束程序循环	加速循环功能：用于多层循环嵌套结构中，与 if 选择语句配合使用，当满足一定条件时内循环结束，调整至外层循环，从而加速程序循环

2.continue 语句

1）语法格式

　　　continue；

2）功能

结束本次循环（跳过循环体剩余的语句），强制执行下一次循环。

3）说明

（1）只用在循环结构中，且常和 if 语句连用，用来加速循环执行速度。

（2）continue 只是强制终止本次循环，并不是跳出（结束）整个循环，这点与 break 不同。

4）举例

```
for(i=1;i<=1000;i++)
{
    sum=sum+i;
    if(sum>10000) continue;
    ………；
}
```

3. break 语句与 continue 语句对比

break 语句和 continue 语句在 for、while、do...while 循环语句进行作用对比如图 5-14
所示。

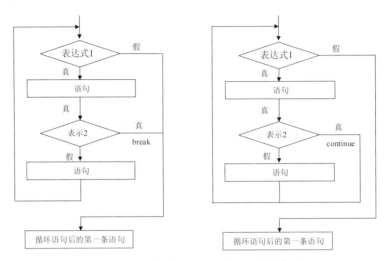

图 5-14   break 语句和 continue 语句执行过程对比

break 语句：退出一层循环或 switch，转到闭合循环之后的那一点。

continue 语句：中断此次循环，开始下一次循环。

4.goto 语句

1）语法格式

goto 语句标号；

……

语句标号：……

2）功能

改变程序的执行流程，无条件地转移到指定语句标号的语句处去执行。

3）说明

（1）goto 语句使用过程中，语句标号可以在 goto 语句前面程序段，也可以在后面程
序段。

（2）goto 语句也经常和 if 语句配合使用，当满足条件的时候无条件地转移到语句标号
后面的程序段，利用 goto 语句可以一次跳出所有循环体。

（3）结构化程序设计方法主张限制 goto 语句的使用，因它可随意跳转到任何指定的语
句，可能导致程序无规律、可读性差的问题。

5. 结构化程序设计思想

结构化程序设计的核心思想如下。

（1）采用顺序、选择和循环三种基本结构作为程序设计的基本单元，要求：

①只有一个入口；

②只有一个出口；

③无死语句，即不存在永远都执行不到的语句；

④无死循环，即不存在永远都执行不完的循环。

（2）采用"自顶向下、逐步求精"和模块化的方法进行结构化程序设计，先全局后局部，先整体后细节，先抽象后具体。

（3）"代码风格"是一种习惯，目标是让代码整洁，层次清晰，增强可读性，可维护性。一般要求如下：

①良好的注释；

②整齐的缩进（梯形层次）；

③适当的空行分隔段落；

④见名知义的变量命名；

⑤行内空格，单行清晰度；

⑥每行最多有一条语句。

案例实现

1. 算法分析

可将韩信点兵的问题转化为数学问题进行解决，即设一个正整数，被 5 整除余 1，被 6 整除余 5，被 7 整除余 4，被 11 整除余 10，求出满足上述要求中正整数的最小值。因此可以采用从 1 开始，进行逐步累加，直到第一次满足条件后跳出循环结构。

（1）首先确定算法的变量 x，表示韩信士兵人数，数据类型为 long。

（2）采用 for 循环结构进行循环尝试。

（3）采用 if 选择语句进行条件判断。

（4）当条件满足时，采用 break 语句跳出循环语句。

2. 流程图表达

程序算法流程如图 5-15 所示。

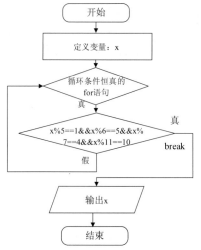

图 5-15　程序算法流程图

3. 代码编写

```
#include <stdio.h>                              // 标准输入 / 输出函数的头文件
#include <stdlib.h>                             //system() 函数的头文件
int main()                                      // 主函数开始
{
long x=1;                                       // 定义变量, 表示士兵人数
for(x=1;; x++)                                  // 进行循环实现尝试数字的增加
{
    if(x%5==1 && x%6==5 && x%7==4 && x%11==10)
                                                // 进行符合士兵人数的条件筛选
    {
            printf(" 韩信统御的士兵人数是:%ld\n", x);
            break;
    }
}
system ("pause");                               // 暂停屏幕, 按任意键退出
    return 0;
}
```

4. 程序仿真

"韩信点兵"程序仿真结果如图 5-16 所示。

```
C:\Users\Lenovo\Desktop\项目1.exe
韩信统御的士兵人数是: 2111
请按任意键继续. . .
--------------------------------
Process exited after 10.71 seconds with return value 0
请按任意键继续. . .
```

图 5-16 "韩信点兵"程序仿真结果

5. 程序扩展

在相关知识部分学习了 goto 语句可以无条件地跳转到任何位置, 即"韩信点兵"案例中, 可利用 goto 语句替代 break 语句结束 for 循环; 由于标志变量使程序具有较好的可读性, 所以该案例也可通过标志变量解决问题。具体参考程序如下。

1) goto 语句方法

```
#include <stdio.h>                              // 标准输入 / 输出函数的头文件
#include <stdlib.h>                             //system() 函数的头文件
int main()
{
```

```
        long x=1;
        for (x=1; ;x++)
        {
        if (x%5==1 && x%6==5 && x%7==4 && x%11==10)
            {
            printf(" 韩信统御的士兵人数是：%ld\n ", x);
            goto END;                    //goto 语句
            }
        }
        END:;                            // 语句标号
    }
```

2）设置标志变量方法

```
    #include <stdio.h>                  // 标准输入 / 输出函数的头文件
    #include <stdlib.h>                 //system() 函数的头文件
    int main()
    {
        long x=1;
        int find = 0;                   // 定义标志变量并置为假
        for (x=1; !find ;x++)           // 利用标志变量作为循环条件判断
        {
            if (x%5==1 && x%6==5 && x%7==4 && x%11==10)
            {
                printf(" 韩信统御的士兵人数是：%ld\n ", x);
                find = 1;               // 标志变量置为真，以结束循环
            }
        }
    }
```

案例延伸

（1）流程转移语句是用于改变程序执行流程的语句，需要注意 break 语句和 continue 语句的区别和用法。

（2）韩信受胯下之辱的故事告诉我们，在日常生活中面对无理取闹的人或事，不要恼羞成怒，以至于失去理智，要做到发奋图强、卧薪尝胆、不忘初心，刻苦钻研所学知识和提升个人技能。新时代青年要做到心中有阳光、眼里有远方、脚下有力量，要志存高远、坚定信念、奉献人民，不忘初心，方得始终。

案例 6　植树造林

案例导入

习总书记提出"绿水青山就是金山银山"的科学论断,坚持人与自然和谐共生,走可持续发展道路,保护绿水青山、做大金山银山,已成为千万群众的自觉行动。3 月 12 日"植树节"期间,小明学校组织植树造林活动,激发学生对爱林造林的热情,增强环保意识。已知参加此次活动的师生(老师、男同学、女同学)人数为 50 人,老师每人栽树 5 棵,男同学每人栽树 3 棵,女同学每人栽树 2 棵,共栽 120 棵树,你能帮助小明计算出老师、男同学、女同学各有多少人参加本次活动吗?

案例实现

1. 算法分析

由于共栽 120 棵树,则分析可知:老师人数最多为 24 人,男同学人数最多是 40 人,女同学人数 =50- 老师人数 - 男同学人数;但题目说师生总人数为 50 人。那么老师人数是 1 到 24 之间,男同学人数是 1 到 40 之间。

那么"植树造林"的算法分析如下。

(1)首先确定算法的输入变量,设变量 teacher、boy、girl 用来分别储存老师、男同学、女同学的植树量,依据上述分析可得 :1<=teacher<=24, 1<= boy <=40, girl=50-teacher-boy,5*teacher+3* boy +girl*2=120。

(2)采用二层 for 嵌套循环结构控制 teacher、boy 的值,第一层 for 循环控制 teacher 值,第二层 for 循环控制 boy 值。

(3)计算出 girl =50-teacher-boy,采用条件选择 if 语句判断是否同时满足题目要求,筛选出 5*teacher+3*boy+ girl*2=120 的结果;

(4)输出符合"植树造林"条件下的 teacher、boy、girl 数值。

2. 流程图表达

程序算法流程如图 5-17 所示。

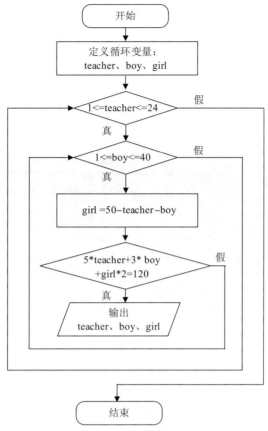

图 5-17　程序算法流程图

3. 代码编写

```
#include <stdio.h>                        // 标准输入 / 输出函数的头文件
#include <stdlib.h>                       //system() 函数的头文件
int main()                               // 主函数开始
{
int teacher,boy,girl;                    // 定义三个变量:分别表示老师、男同学、女同学
printf(" 参加植树造林活动的师生人数可能方式如下:\n\n") ;  // 输出问题显示
for(teacher =1; teacher <=24; teacher ++)    // 一层 for 控制老师人数
    for(boy =1; boy <=40; boy ++)            // 二层 for 控制男同学人数
    {
        girl =50- teacher-boy;
        if(5* teacher +3* boy + girl *2==120)     // 筛选符合条件的数量
            printf("\t 老师 %3d 人 \t 男同学 %3d 人 \t 女同学 %3d 人 \n", teacher, boy, girl);
                                            // 输出符合条件的老师、男同学、女同学人数

    }
```

```
        system ("pause");                    // 暂停屏幕,按任意键退出
        return 0;
}
```

4. 程序仿真

"植树造林"程序仿真结果如图 5-18 所示。

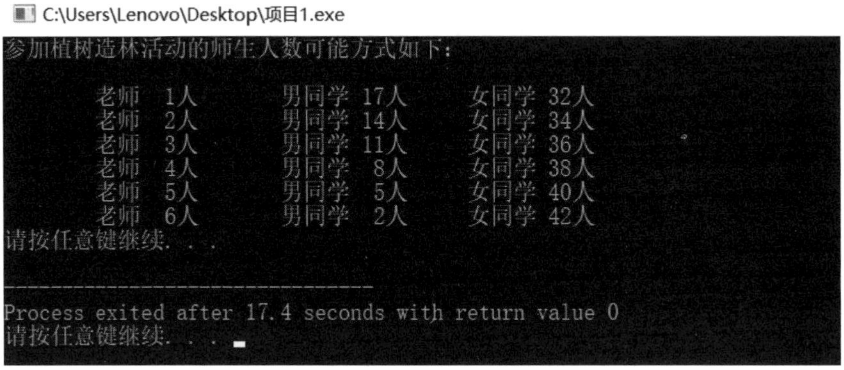

图 5-18　程序仿真结果图

案例延伸

　　自然环境是人类生存的基本条件,是发展生产、繁荣经济的物质源泉。随着人口的迅速增长和生产力的发展,自然生态平衡受到了猛烈的冲击和破坏,许多自然资源日益减少,并面临着耗竭的危险。所以,维护生态平衡、保护环境是关系人类生存、社会发展的根本性问题。在"绿水青山就是金山银山"理念指引下,近年来中国生态环境持续改善,成为全球植树绿化的领导者,赢得了国际社会的广泛赞誉。

本章小结

　　本章节重点讲解了循环结构、嵌套循环结构以及相应的流程转移控制语句,主要包括 while 语句、do...while 语句、for 语句、break 语句、continue 语句、goto 语句。

　　(1)while 语句、do...while 语句、for 语句循环结构。其中,while 和 for 语句在循环顶部进行循环条件测试,如果循环条件第一次测试就为假,则循环体一次也不执行;do...while 语句是在循环底部进行条件测试,至少执行一次。

　　(2)break 语句、continue 语句、goto 语句用于流程转移控制。其中,break 语句退出 switch 语句或一层循环结构;continue 语句用于结束本次循环、继续执行下一次循环;goto 语句无条件转移到标号所标识的语句处执行。

课后练习

一、选择题

1. 以下描述中正确的是（　　　）。

A. 由于 do...while 循环中循环体语句只能是一条可执行语句,所以循环体内不能使用复合语句

B. do...while 循环由 do 开始,由 while 结束,在 while(表达式) 后面不能写";"

C. 在 do...while 循环体中,一定要有能使 while 后面表达式的值变为零("假")的操作

D. 在 do...while 循环体中,根据情况可以省略 while

2. 在 C 语言中,while 和 do...while 循环的主要区别是（　　　）。

A. while 的循环控制条件比 do...while 的循环控制条件严格

B. do...while 的循环体至少无条件执行一次

C. do...while 允许从外部转到循环体内

D. do...while 的循环体不能是复合语句

3. 下面有关 for 循环的描述正确的是（　　　）。

A. for 循环只能用于循环次数已经确定的情况

B. for 循环是先执行循环体语句,后判断表达式是否成立

C. 在 for 循环中,不能用 break 语句跳出循环体

D. for 循环的循环体语句中可以包含多条语句,但必须用"{}"括起来

4. 下面程序的运行结果是（　　　）。

```
#include <stdio.h>
int main(){
int y=10;
do{
y--;
}while(--y);
printf("%d \ n",y--);
return 0;
}
```

A.-1　　　　　　　　B.1　　　　　　　　C.8　　　　　　　　D.0

5. 分析下面的 C 语言代码,则执行循环语句后 b 的值为（　　　）。

```
int a=1,b=10;
do{
b-=a;
a++;
}while(b--<0);
```

A.9　　　　　　　　B.-2　　　　　　　　C.-1　　　　　　　　D.8

6. 执行下面的 C 程序段后,输出结果是（　　　）。

```
int a=5;
```

```
while(a--)
printf("%d",a);
```

A.54321　　　　　　　B.4321　　　　　　　C.0　　　　　　　　　D.-1

7. 以下不是无限循环的语句为（　　　）。

A.for(y=0,x=1;x>++y;x=i++) i=x;　　　　B.for(;;x++=i);

C.while(1){x++;}　　　　　　　　　　　D.for(i=10;;i--) sum+=i;

8. 研究下面的 C 程序段,循环体的总执行次数是（　　　）。

```
int i,j;
for(i=5;i;i--)
for(j=0;j<4;j++){…}
```

A.20　　　　　　　　B.25　　　　　　　　C.24　　　　　　　　D.30

9. 若 i 为整型变量,则以下循环的执行次数是（　　　）。

```
for(i=2;i==0;) printf("%d \ n",i--);
```

A. 无限次　　　　　　B.0 次　　　　　　　C.1 次　　　　　　　D.2 次

10. 分析下面的代码,如果输入 85 则输出（　　　）。

```
#include <stdio.h>
int main(){
int mks;
printf(" 请输入分数:");
scanf("%d",&mks);
mks>90?printf(" 优秀 "):printf(" 一般 ");
return 0;
}
```

A. 优秀　　　　　　　　　　　　　　B. 一般

C. 代码将不会显示任何结果　　　　　D. 语法错误

二、程序题

1. 编写程序求 1+2+3+…+100 的和。

2. 编写程序求 n!（n!=1×2×…×n）。

3. 水仙花数是这样一个三位数:它的每一位数字的 3 次幂之和等于它本身。例如, 153 是水仙花数,因为它的每一位数字的 3 次幂之和为 $1^3+5^3+3^3=153$。每一位数字的 3 次幂是不是很像一朵朵盛开的水仙花? 水仙花数,名字很美,但手工查找很难,编写程序求水仙花数。

4. 牛吃草问题:一个牧场长满青草,牛在吃草而草又在生长。设 9 头牛可以 12 天吃完,设 8 头牛可以 16 天吃完。现在求 12 头牛几天可以吃完草? 每头牛每天吃草 10 kg。

5. 用 1 元 5 角钱人民币兑换 5 分、2 分、1 分的硬币(每一种都要有),共 100 枚,问共有几种兑换方案,求每种兑换方案兑换 5 分、2 分、1 分硬币的数量?

第6章　函数

学习目标

知识目标
（1）掌握函数的定义和调用。
（2）掌握函数的传值调用和传地址调用的方法。
（3）熟练运用函数的嵌套和递归方法。
（4）理解全局变量和局部变量。

技能目标
（1）能够编写和阅读模块化结构程序，能够运用函数处理多任务、复杂问题的能力。
（2）能够利用函数嵌套和递归解决复杂而有规律问题的能力。

素质目标
（1）具有团队合作意识及项目管理能力。
（2）能够树立珍惜时光、注重积累、未雨绸缪的正确价值观。
（3）具有创新能力和探索能力。
（4）具有善于发现、探索真知的科学精神。

学习重点、难点

重点
（1）掌握函数的定义、声明和调用。
（2）掌握函数嵌套和函数递归的方法和实际应用。
（3）理解变量的作用域。
（4）掌握预定义程序的方法和实际应用。

难点
（1）能够运用函数嵌套和函数递归的方法及解决复杂问题。
（2）理解内部变量和局部变量的作用范围和应用。
（3）能够利用函数实现模块化编程，解决复杂实际问题。

案例 1　平时成绩

案例导入

学期末,"C 语言程序设计"授课教师对医学影像技术专业 2001 班学生的课堂平时成绩进行统计,并作为学生期末成绩的组成部分,用于评定学生是否能够通过"C 语言程序设计"课程考核。平时成绩由出勤成绩(30%)、课堂互动成绩(40%)、作业成绩(30%)三部分组成,平时成绩各项组成部分系数细则如表 6-1 所示。

表 6-1　平时成绩各项组成部分系数细则

项目	出勤成绩(30%)			课堂互动成绩(40%)			作业成绩(30%)		
类别等级	出勤	迟到	旷课	A	B	C	A	B	C
等级系数	1	0.6	0	1	0.8	0.6	1	0.8	0.6

该课程总学时为 48 学时,要求:出勤次数达到 24 次,则出勤成绩为 100 分;课程互动各次等级系数累加和达到 12,则课堂互动成绩为 100 分;作业各次等级系数累加和达到 8,则作业成绩为 100 分,具体计算方法如下。

(1)平时成绩 = 出勤成绩 ×30%+ 课堂互动成绩 ×40%+ 作业成绩 ×30%

(2)出勤成绩 =(出勤学时 ×1+ 迟到学时 ×0.6)/48×100

(3)课堂互动成绩 =(A 次数 + B 次数 ×0.8+ C 次数 ×0.6)/12×100

(4)作业成绩 =(A 次数 + B 次数 ×0.8+ C 次数 ×0.6)/8×100

注:旷课学时达到 6 学时及以上者,平时成绩记为 0;课堂作业缺交 1/3 及以上者,平时成绩记为 0。

你能否利用 C 语言编程,帮助老师开发一个简单的平时成绩计算系统?

本案例中医学影像技术专业 2001 班学生平时成绩由 3 部分组成,可将平时成绩各部分成绩计算视为一个功能并调用,构成"出勤成绩""课堂互动成绩""作业成绩"3 个函数,通过调用各个函数计算出平时成绩,在实现案例之前,我们先进行函数相关知识的学习。

相关知识

1. 引入函数的意义

(1)使主程序 (main) 层次结构更加清晰。把所有解决问题的代码都放在主函数中,主函数就会层次结构不清晰。如果引入函数,主函数专注于流程控制,其他函数专注于数据处理,分工合作,使主程序更简洁,也使整个程序的逻辑和结构显得层次清晰,便于维护。

(2)函数是模块化程序设计方法在 C 语言中的具体实现:C 语言是结构化的语言(顺序、选择、循环),支持模块化的程序设计方法。一个复杂的任务可以划分为若干个模块,每个模块都可以用一个 C 函数来实现,这正是模块化程序设计方法的体现。

（3）团队协作,高效开发大型程序:模块化设计方法将一个复杂的任务划分为多个模块（函数）,就可以由多人同时开发各个函数,然后将各函数组装成完整的程序,便于调试、运行,大大提高程序开发效率。

（4）可实现代码复用:可以将那些用过的、成熟的、稳定的、经过实际运行考核过的代码编写成函数,形成"函数库",供自己或别人直接使用,从而避免了相同功能的代码在需要时重新编写,实现代码复用,既提高编程效率,又易于程序的扩充、维护与修改。

2. 函数的定义

C 语言中所有要使用的函数都必须"先定义、后使用"。

1）函数的定义形式

类型说明符 函数名 (形参类型 形参 1, 形参类型 形参 2,…, 形参类型 形参 n)
{
　　　声明部分;
　　　执行语句;
　　　return 语句;
}

2）函数定义各部分要素说明

（1）函数 = 函数首部 + 函数体。函数首部:由"返回值类型""函数名""形参列表"三部分组成;函数首部下面用一对"{}"括起来的部分称为函数体。

（2）返回值类型:表示函数执行结束后计算结果的数据类型（通过函数名来传值）;如果没有返回值,则用关键字 void 表示空（缺省时为 int 类型）。

（3）函数名:任何合法的用户自定义标识符。（由于 C 语言不支持重载技术,一个 C 语言程序中,函数名必须是唯一的,不能重名!）

（4）形参列表: (类型名 形参 1, 类型名 形参 2, …) 。定义时,一个类型名后只能跟一个形参变量,如: int Add(int a,int b,int c),不能同时跟多个形参。经常出现的错误表达为: int Add(int a,b,c)。函数定义时,形参没有具体值,只有函数被调用时系统才给形参分配内存单元并传值。

（5）声明部分:定义本函数所使用的数据和返回值进行有关声明。函数体中的声明部分和 main 函数中一样,放在其他可执行语句之前。

（6）功能语句:主体部分,由若干条语句组成,用于实现函数的基本功能。

（7）return:关键字,后面写返回值的变量或表达式。

①若无返回值,则可以省略 return。

②若 return 后的返回值与函数定义的返回值类型不同,则以定义的类型为准（强制转换）。

③另外,当流程执行到 return 时,将立即返回到调用者,不管后面有多少语句。因此 return 一般是函数的最后一条语句。

（8）无参函数:当形参列表为空时,这种函数称为"无参函数"。无参函数在调用时不需要传递数据,通常用来执行一个过程或仅返回计算结果。

（9）不能嵌套定义,但可以嵌套调用:不能在一个函数之内定义另一个函数,只能在函数之外定义其他函数。也就是说各函数只能并列定义，不能嵌套定义。

3. 函数的调用

在主调函数（即函数调用的发起者）中引用自定义函数，让执行流程进入自定义函数，从而完成自定义函数的功能。

1）函数调用的一般形式

函数名 (实际参数 1, 实际参数 2,…, 实际参数 n)

2）函数调用的说明

（1）实参个数与类型要与形参一一对应（实参向形参看齐）。

（2）当实参的个数多于 1 个的情况，须用逗号隔开各个实参。

（3）实参在书写上可以是常量、变量、表达式。

3）函数调用的位置

（1）表达式中：当被调用的函数用于求值时，函数调用通常作为表达式的一部分。

> 如：sum=3*Max(a,b)+Add(10,c);

（2）作为独立语句：被调用的函数没有返回值，只是完成一个操作。

> 如：库函数 scanf();printf(" 请输入两个整数:\n");

（3）作为另一个函数的实参：利用函数的返回值作为另一个函数的实参。

> 如：库函数 printf("%d" , Add(n1,n2));

案例实现

1. 算法分析

本案例要实现的是求取课程平时成绩的功能性程序，依据案例分析和相关知识可知，此处可将求取"出勤成绩""课堂互动成绩""作业成绩"三部分程序模块化为三个函数，在主函数中分别调用三个函数，并将函数计算结果返回到主程序中以实现平时成绩的计算。具体过程如下：

（1）定义一个函数 attendance，求取出勤成绩；

（2）定义一个函数 interactive，求取课堂互动成绩；

（3）定义一个函数 homework，求取作业成绩；

（4）通过主程序 main 分别调用 attendance 函数、interactive 函数、homework 函数计算课程平时成绩。

2. 流程图表达

程序算法流程如图 6-1 所示。

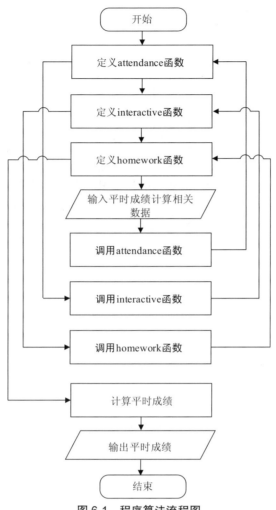

图 6-1　程序算法流程图

3. 代码编写

```
#include <stdio.h>                          // 标准输入 / 输出函数的头文件
#include <stdlib.h>
#define ATTD 0.6                            // 定义迟到系数符号常量
#define INTB 0.8                            // 定义互动等级 B 系数符号常量
#define INTC 0.6                            // 定义互动等级 C 系数符号常量
#define HOMB 0.8                            // 定义作业等级 B 系数符号常量
#define HOMC 0.8                            // 定义作业等级 C 系数符号常量
double attendance(int normal, int late)     // 定义出勤成绩函数
{
  double Attend;
Attend=( normal+ late* ATTD)/48*100;        // 计算出勤成绩
```

```
return Attend;                          // 返回出勤成绩值
}
double interactive (int ia,int ib,int ic)     // 定义课堂互动成绩函数
{
  double Intera;
Intera =( ia+ ib* INTB+ ic* INTC)/12*100;    // 计算课堂互动成绩
if(Intera<=100)                         // 计算课堂互动成绩是否超过满分
return Intera;                          // 没有超过,返回真实值
else
return 100;                             // 若超过,返回最大值 100
}
double homework (int ha,int hb,int hc)        // 定义作业成绩函数
{
  double Homew;
Homew =( ha+ hb* HOMB+ hc* HOMC)/8*100;  // 计算作业成绩
return Homew;                           // 返回作业成绩值
}
int main()                              // 主函数开始
{
int late,normal,truancy;                // 定义出勤成绩所需变量
int ia,ib,ic;                           // 定义课堂互动成绩所需变量
int ha,hb,hc;                           // 定义作业成绩所需变量
double a,i,h,grades;                     // 定义平时成绩变量
printf(" 请输入该生正常出勤、迟到、旷课学时 , 以空格分隔 :\n"); // 输入提示
scanf("%d%d%d",&normal,&late,&truancy);       // 获取出勤、迟到、旷课学时
printf(" 请输入该生课堂互动 A、B、C 等级的次数 , 以空格分隔 :\n");// 输入提示
scanf("%d%d%d",&ia,&ib,&ic);                  // 获取课堂互动 A、B、C 等级的次数
printf(" 请输入该生作业 A、B、C 等级的次数 , 以空格分隔 :\n");// 输入提示
scanf("%d%d%d",&ha,&hb,&hc);                  // 获取作业 A、B、C 等级的次数
if(truancy>=6||( ha+hb+hc) <6)          // 旷课大于等于 6 学时 ; 作业缺交超过
                                        //    1/3, 即 8 次作业续交 6 次
grades=0;
else
{
a=attendance(normal, late)*0.3;         // 按比例计算出勤成绩
```

```
i=interactive (ia,ib,ic)*0.4;          // 按比例计算课堂互动成绩
h=homework (ha,hb,hc)*0.3;             // 按比例计算作业成绩
grades=a+i+h;                          // 计算平时成绩
}
printf(" 该生的平时成绩为 %.2f:", grades);   // 屏幕输出平时成绩
system("pause");                       // 暂停屏幕,按任意键结束
return 0;
}
```

4. 程序仿真

（1）"平时成绩"程序仿真结果如图 6-2 所示。

图 6-2　程序仿真结果图

（2）当学生课程学习过程中,旷课学时达到 6 学时及以上时,"平时成绩"程序仿真结果如图 6-3 所示。

图 6-3　旷课超过 6 学时及以上时的"平时成绩"程序仿真结果图

（3）当学生课程学习过程中,课堂作业缺交次数占布置次数的 1/3 及以上者,"平时成绩"程序仿真结果如图 6-4 所示。

图 6-4　课堂作业缺交 1/3 及以上时的"平时成绩"程序仿真结果图

案例延伸

（1）函数是 C 语言模块化编程的体现，按照任务分工将实现某种功能的程序用模块化构建函数，能够使程序结构更加清晰；调用函数的方式能够更加简化和高效完成程序功能，特别适用于复杂问题的解决方案编程。在日常生活和学习过程中，通过团队合作能够分化任务，发挥团队成员各自优势，可取得事半功倍的效果，所以同学们一定要学会团队合作，具备团队协作思维。

（2）在平时课程学习过程中注重平时积累且遵守课程学习相应规则。在课程学习要求下，踏实努力，积极参与课堂，逐步积累知识，聚沙成塔，赢得未来。

案例 2　乌鸦喝水

案例导入

《乌鸦喝水》是一个大家耳熟能详的寓言故事。一只乌鸦口渴了，它在低空盘旋着找水喝。找了很久，它才发现不远处有一个水瓶，便高兴地飞了过去，稳稳地停在水瓶口。可是，水瓶里水太少了，瓶颈细长，乌鸦的嘴无论如何也够不着水。聪明的乌鸦通过往水瓶中添加石子来提高水瓶中的水位线，最终乌鸦可以痛快地畅饮。假设水瓶为等直径的圆柱体，且忽略水瓶壁厚。已知乌鸦往水瓶中投石前后水位线高度分别是 h1 和 h2，水瓶直径为 r，通过 C 语言编程计算出乌鸦往水瓶中投入石子的总体积，那么应该如何实现呢？

本案例中要求计算出乌鸦投石的总体积，可通过计算水瓶投石前后瓶中水上升的体积来等量算出乌鸦投石的体积。前面案例中学习了函数的定义和调用，本案例利用函数的方式编程。由于函数具有"先定义、后使用"的要求，为使程序编写更加贴近人脑思维逻辑，需要先对函数进行声明。在实现案例之前，我们先进行函数声明相关知识的学习。

相关知识

1. 函数声明

C 语言规定：在同一源文件（.cpp）中，后面定义的函数能使用前面定义的函数，反之不行（符合顺序结构程序设计思想）。一般情况下，主函数 main() 都写在前，自定义函数在后，主次分明、结构清晰，这样必须先在 main() 中声明自定义函数，才能使用。为了扩大函数使用范围，让编译器能找到自定义函数，必须显式地通知编译器，这叫函数声明。

2. 函数声明格式

声明格式：返回值类型　函数名 (形参列表);

举例：int Add(int a,int b); 对求和函数 Add 进行声明，int 为形参类型，a、b 为形参名
　　　int Sub(int ,int); 对求和函数 Add 进行声明，int 为形参类型，此处形参名省略

说明：

（1）格式其实就是函数首部，再多一个"；"（与变量定义类似）；

（2）函数声明时，形参列表可以只写类型名，不写形参名；

（3）函数声明语句既可以写在函数内，也可以写在函数外。写在函数外部时，它后面所有的函数都能调用它；写在函数内部时，只有声明它的函数能够调用它。

举例：求两个数的和与差。

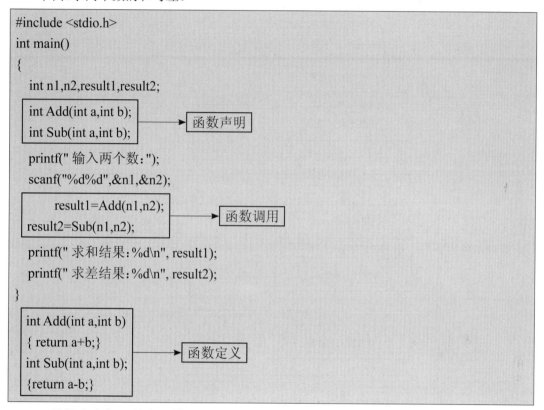

3. 函数定义与函数声明的区别

1）函数定义

（1）函数功能的确立。

（2）定函数名、函数类型、形参及类型、函数体等。

（3）是完整独立的单位。

2）函数声明

（1）是对函数名、返回值类型、形参类型的说明。

（2）不包括函数体。

（3）是一条语句，以分号结束，只起一个声明作用。

案例实现

1. 算法分析

本案例要实现乌鸦投石体积的求取，在主函数 main 中首先对瓶中物体体积函数 volume 进行声明,然后按照问题解决方案进行编程,再定义函数。具体步骤如下:

(1)在主函数 main() 中声明函数 volume;

(2)在主函数 main() 中调用 2 次函数 volume,求取乌鸦投石前后瓶中物体的体积;

(3)在主函数 main() 后定义函数 volume。

2. 流程图表达

"乌鸦喝水"程序算法流程图如图 6-5 所示。

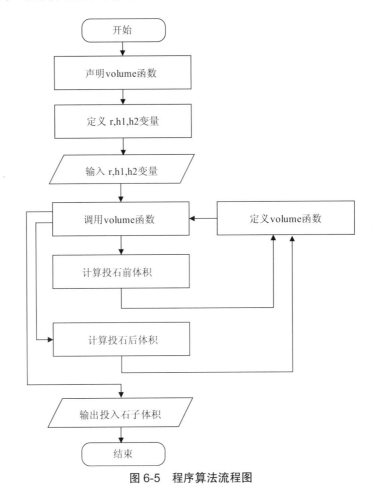

图 6-5　程序算法流程图

3. 代码编写

```
#include <stdio.h>                       // 标准输入 / 输出函数的头文件
#include <stdlib.h>
#define PI 3.14                          // 定义符号常量 PI 的值为 3.14
int main()
{
double r,h1,h2,cylinder;                 // 定义变量
```

```
double volume(double r,double h);                    // volume 函数声明
printf(" 请输入水瓶的半径（cm）:\n");                 // 输入提示
scanf("%lf",&r);                                     // 获取水瓶半径值
printf(" 请输入乌鸦投石前后水位线高度（cm）,以空格键分隔 \n");   // 输入提示
scanf("%lf%lf",&h1,&h1);                             // 获取乌鸦投石前后水位线高度值
cylinder= volume(r, h1)- volume(r, h2);              // volume 函数调用计算石子体积
if(cylinder<0)                                       // 防止负值出现,进行处理
cylinder=- cylinder;
printf(" 乌鸦投石的总体积为:%.3fcm3\n", cylinder);    // 输出乌鸦投石体积值
system("pause");                                     // 屏幕暂停,按任意键退出
return 0;
}
double volume(double r,double h)                     // 定义 volume 函数,求取水瓶内物体体积
{
double result;                                       // 定义 volume 函数内部变量
result=PI*r*r*h;                                     // 计算水瓶内物体体积
return result;                                        // 返回运算结果
}
```

4. 程序仿真

"乌鸦喝水"程序仿真结果如图 6-6 所示。

图 6-6　"乌鸦喝水"程序仿真结果图

案例延伸

（1）《乌鸦喝水》的故事告诉我们遇到困难不要放弃,要运用身边可以利用的资源帮助自己,发挥自己的聪明才智,要有突破精神和创新精神,不达目的不放弃。如果在学习中遇到困难,要像乌鸦那样开动脑筋,只有这样才能找到解决困难的方法。

（2）乌鸦给人的感觉是丑陋的,如果对乌鸦存在偏见,是非常不适合的。每一个生命都值得尊重,其背后也有积极的求生故事,作为万物之灵的我们,应该用一种理性、超然的态度看待这个美丽星球上的一切。

案例 3　兔子数列

案例导入

兔子数列又称斐波那契数列、黄金分割数列,因数学家莱昂纳多·斐波那契以兔子繁殖为例引入,故称为"兔子数列"。具体描述是:一对兔子,长 2 个月即可孕育后代生下 1 对兔子,然后每个月都会生下 1 对兔子;新生小兔生长 2 个月后同样开始孕育后代,生下 1 对新兔子。假设兔子不会死亡,且成年兔子每个月均会生下 1 对兔子。

第 1 个月:只有 1 对兔子。

第 2 个月:兔子没有成年,还是 1 对兔子。

第 3 个月:兔子成年生下 1 对兔子,有 2 对兔子。

第 4 个月:成年兔子又生下 1 对兔子,新兔子未成年,故有 3 对兔子。

第 5 个月:成年兔子和第三月新兔子均生下 1 对兔子,故有 5 对兔子。

……

以此类推,你是否可以计算出第 n 月后,总共有多少兔子?

本案例中发现数字的数量在第 1 个月为 1 对,第 2 个月为 1 对,第 3 个月为 2 对,第 4 个月为 3 对,然后每个月的兔子数量均是前两个月兔子数量的和,用 R(n) 表示第 n 月兔子的对数,则有 R(n)= R(n-1)+ R(n-2)(n>1)。可将 R(n) 看作一个关于月份的函数,由公式可知在求解 n-1 和 n-2 月兔子数量时仍然需要用到 R(n) 函数。函数重复调用自身,称为函数的递归,下面我们先学习函数的嵌套和递归的相关基础知识。

相关知识

1. 函数嵌套

C 语言规定:函数不允许嵌套定义,即不能在一个函数之内再定义另一个函数,只能在函数之外定义函数。也就是说各函数从定义角度来看是独立的、并列的、平等的。

C 语言规定:函数允许嵌套调用,即函数 A 调用函数 B,函数 B 调用函数 C,函数 C 又调用函数 D 等等,这就是函数嵌套调用的含义。函数嵌套示意如图 6-7 所示。

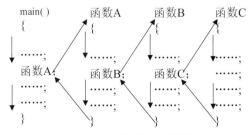

图 6-7　函数嵌套示意图

2. 函数递归

一个函数在调用另一个函数时,如果调用的是它自身,这种调用就叫递归调用。这是一种特殊的函数嵌套:函数反复调用自己。为了防止递归调用无终止地进行,必须在函数内有终止递归调用的条件。常用的办法是添加条件判断,满足某种条件后就不再做递归调用,然后逐层返回。编写递归函数的关键要点如下。

(1)构造递归表达式。将 n 阶的问题转化为比 n 阶小(大)的问题,转化以后的问题和原来的问题有相同的解法。

(2)有一个明确的递归结束条件,称为递归出口。

举例:求 n 的阶乘:n! (阶乘:从 1 连乘到 n)。

```c
#include <stdio.h>
int main()
{
    int n;
    long JieCheng(int n);                  // 函数声明
    printf(" 请输入 n 值:");
    scanf("%d",&n);
    printf("%d! = %d\n",n,JieCheng(n));     // 调用 JieCheng 函数
}
long JieCheng(int n)                        // 定义 JieCheng 函数
{
    if (n==1)
        return 1; // 回推起点
    else
        return n*JieCheng(n-1);             // JieCheng 函数调用自身
}
```

假设 n=4,主函数 main 调用 JieCheng(4),计算出 4! =4* JieCheng(3);为求 4!,则需要计算出 JieCheng(3),故 JieCheng 函数调用 JieCheng 函数自身,可得 JieCheng(3)= 3*JieCheng(2);以此类推计算出 JieCheng(2)、JieCheng(1)。最终可得 4! =4*3*2*1,在 4! 求取过程中,JieCheng 函数需要不断调用自身,回推到起点,才能输出计算值,JieCheng(n) 函数调用自身的过程,就是递归调用。

案例实现

1. 算法分析

兔子序列案例中第 n 个月兔子数量的求取,可通过递归的方式解决。在案例分析中已知兔子数量计算可表示为:R(n)= R(n-1)+ R(n-2),依据递归的定义和兔子序列案例的实际情况,设定递归边界条件为 n>1,当条件不满足时,递归终止。具体步骤如下:

(1)定义函数 RabbitPop;

(2)分别设定变量 n,并判断 n 是否满足边界条件;

（3）调用 RabbitPop，直到递归结束；

（4）输出兔子数量。

2. 流程图表达

"兔子数列"程序算法流程如图 6-8 所示。

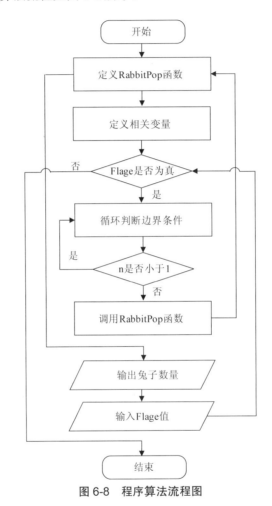

图 6-8　程序算法流程图

3. 代码编写

```
#include <stdio.h>                          // 标准输入 / 输出函数的头文件
#include <stdlib.h>
int main()                                  // 主函数开始
{
int n,Flage=1,R1,R2,Rn;                     // 定义相关变量
int RabbitPop (int n);                      // 函数声明
```

```
while(Flage)                                           // 判断是否进行循环判断
  {
  do{
    printf("************** 兔子序列 **************\n");  // 屏幕显示
    printf(" 请输入你想知道第几个月兔子的对数:\n");      // 输入提示
  scanf("%d",&n);                                      // 获取月份
  }while(n<1);                                          // 判断是否满足边界条件
  Rn= RabbitPop (n);                                   // 函数调用
  printf(" 第 %d 个月时,总共有 %d 对兔子 \n\n",n, Rn);
  printf("********************************\n");          // 屏幕显示
  printf(" 请问是否继续获取第 n 月兔子数量,继续请输入 1,退出请输入 0:\n");
  scanf("%d",& Flage);                                  // 选择是否继续计算
  printf("\n\n");
  }
  system("pause");                                      // 屏幕暂停,按任意键继续
  return 0;                                             // 主函数返回值
}
int RabbitPop(int n)                                    // 定义递归函数
{
  int Rn;
  if(n==1||n==2)                                        // 回推起点
  Rn=1;
  else
  Rn= RabbitPop(n-1)+ RabbitPop(n-2);                   // 函数递归调用
  return Rn;                                            // 返回兔子数量
}
```

4. 程序仿真

"兔子数列"程序仿真结果如图 6-9 所示。

案例延伸

（1）在日常的为人处世和学习过程中也蕴含着这样朴素的道理,只要朝着正确的方向努力付出,随着时间的推移,终成大器;同样要注意自身行为习惯,若是把错误的东西渐渐积累,那将演变成难以变更的坏习惯,危害自己的生活。

（2）兔子数列揭示了大自然一个普遍存在的奥秘,比如菊花、向日葵、松果、菠萝的生长方式等;兔子数列与黄金分割（0.618）的关系,直到现在还在优选法和运输调度理论中起着基本原理的作用;兔子数列在现代物理、准晶体结构、数学、化学等领域都有着重要的应用。

图 6-9   程序仿真结果图

案例 4   购物结算

案例导入

    1998 年 6 月 18 日刘强东在中关村成立了京东公司,于是每年的 6 月 18 日就被定为京东店庆日,从 2013 年起,各大电商都纷纷效仿起来,在 6 月 18 日这天举行很多优惠活动,久而久之,6 月 18 日就变成了网购节。某网络购物平台,在 6 月 18 日网购节为回馈广大顾客,特推出优惠活动如表 6-2 所示。

表 6-2   优惠活动规则表

类别	优惠规则	优惠券金额
服装	消费金额≥200 元	20
食品	消费金额≥150 元	10
注:凡在本店消费的会员 0 元起使用 20 元购物券;非会员 0 元起使用 10 元购物券		

    请使用 C 语言编程设计一个网购节购物结算系统,那么该如何设计呢?

    本案例中优惠券的使用范围不同,可依据变量定义的位置和使用不同进行程序编写。在 C 语言中依据变量定义的位置,可将变量分为全局变量和局部变量,不同变量在内存中的存储位置不同,作用范围也存在差异。在实现案例之前,我们先学习变量分类的相关知识。

相关知识

1. 变量的作用域

变量的作用范围称为变量的作用域。变量定义的位置决定了其作用域。根据作用域的不同,变量可分为局部变量和全局变量。

1)局部变量

局部变量是在一个函数内部定义或复合语句内部定义的变量,也称内部变量,它的作用域只限于本函数范围内或本复合语句范围内。例如:

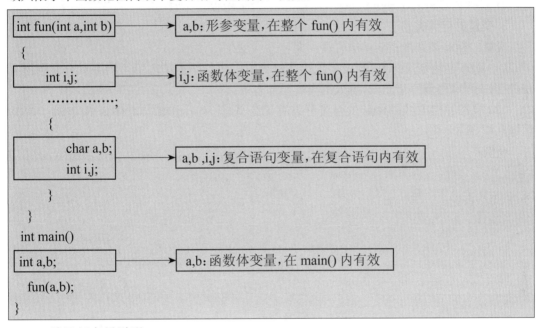

三种局部变量说明:

(1)形参变量与函数体变量不能同名,因二者有效范围相同(都是函数体);

(2)复合语句变量可以和形参变量、函数体变量同名,因为复合语句有“{ }”的包围,可屏蔽形参变量和函数体变量,系统会为它们分配不同的内存单元;

(3)不同函数之间可以定义同名的形参变量或函数体变量,因为它们分别属于各自函数的局部变量,在各自的函数内部有效,系统会为它们分配不同的内存单元。

2)全局变量

全局变量也称外部变量,它是在所有函数之外定义的变量。全局变量默认的作用域是从变量定义的位置开始到整个源文件结束,而生存期是整个程序运行期间。例如:

```
int a,b;
void f1(){
    ......
}
int x,y;
int main(){
    ......
}
```

　　a、b、x、y 都是在函数外部定义的外部变量,都是全局变量。但 x、y 定义在函数 f1 之后,而在 f1 函数内没有对 x 和 y 的声明,所以它们在 f1 函数内无效。

　　2. 变量的存储类别

　　变量的存储类别是指变量的生存周期。

　　(1)动态存储方式:auto 变量是默认存储类别。动态存储方式,需要时系统分配存储空间,使用完系统释放存储空间;有效范围是局部有效。

　　(2)静态存储方式:static 变量是静态存储方式,定义后分配固定存储空间,如全局变量等。

　　举例:

```
#include <stdio.h>
int Func(void);
int main()
{
    int i;
    for (i=0; i<10; i++)
    {Func();}
}
int Func(void)
{
    auto int times = 1;          /* 自动变量 */
    printf("Func() was called %d time(s).\n", times++);
}
```

　　本例中 times 为自动变量(动态存储方式),在每次调用 Func 函数时对 times 变量进行赋值,仿真结果如图 6-10 所示。将本例中的"auto int times = 1;"语句修改为"static int times = 1;",将 times 定义为静态局部变量,则仅在第一次调用 Func 函数时对 times 变量进行赋值,后面 9 次调用不再赋初始值,仿真结果如图 6-11 所示。

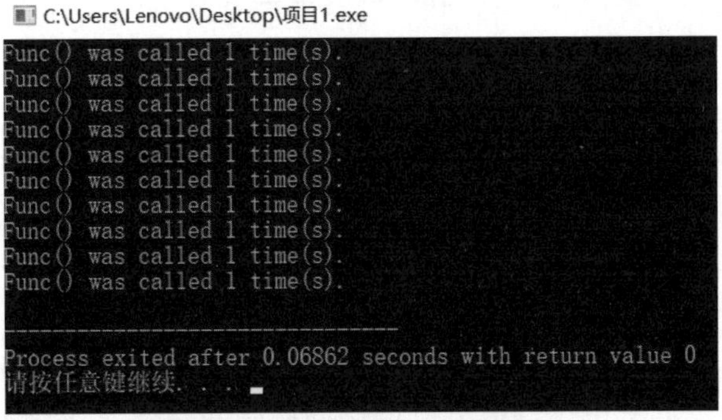

图 6-10　times 为自动变量仿真图

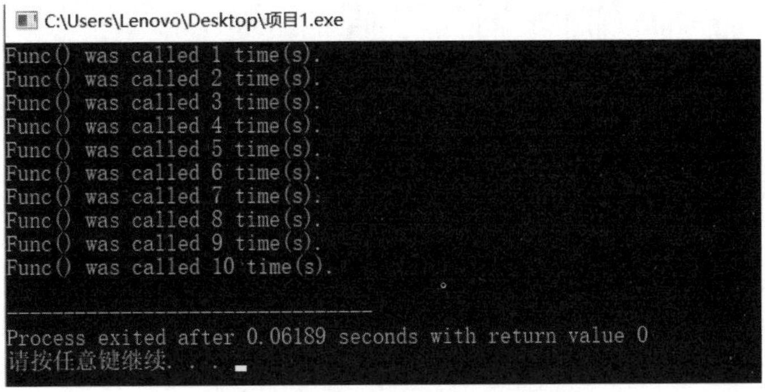

图 6-11　times 为静态变量仿真图

案例实现

1. 算法分析

由相关知识可知,全局变量的作用范围是整个程序,局部变量的作用范围是从定义处开始到所在层的"}"处结束。若出现相同变量名,全局变量将被局部变量屏蔽。本案例中可以依据变量的作用范围不同实现优惠券在不同范围内使用。

具体步骤如下:

(1)定义全局变量 conpon 用于 0 元起购优惠;

(2)定义函数 clothes、food 并在函数内部分别定义局部变量 conpon 用于类别购物优惠;

(3)调用 clothes、food 函数计算购买服装、食品所需付款金额;

(4)if 选择语句判断是否为会员,调用不同使用范围的 conpon,进行购物结算;

(5)输出网购所需支付金额。

2. 流程图表达

"购物结算"程序算法流程如图 6-12 所示。

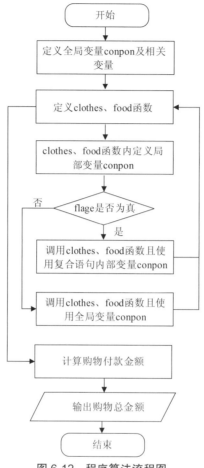

图 6-12　程序算法流程图

3. 代码编写

```
#include <stdio.h>                      // 标准输入 / 输出函数的头文件
#include <stdlib.h>
int conpon=10;                          // 定义全局变量 conpon
int clothes(int money1)
{
int conpon=20;                          // 定义局部变量 conpon
if(money1>=200)
money1= money1-20;
return money1;
}
int food(int money2)
{
```

```
int conpon=10;                                    // 定义局部变量 conpon
if(money2>=150)
money2= money2-10;
return money2;
}
int main()                                        // 主函数开始
{
    int money, money1, money2;                     // 定义相关变量
    int flage;                                     // 定义会员标识符
    printf("************** 欢迎进行购物结算 ********************\n");
    printf(" 请输入您所购服装和食品金额 , 进行优惠减额, 以空格间隔 \n");
    scanf("%d%d",& money1,& money2);
    printf(" 请确定您是否为本平台会员, 是输入 1, 不是输入 0: \n");
    scanf("%d",& flage);
    if(flage)
    {
        int conpon=20;                             // 会员优惠券为 20 元
        money= clothes(money1)+ food(money2)- conpon;  // 会员需付款金额计算方式
if(money<=0)
    money=0;
}
else
{
money= food(money2)+ clothes(money1)-conpon;       // 非会员需付款金额计算方式
if(money<=0)
    money=0;
}
printf(" 您本次购物所需付款总金额为 :%d 元 \n", money);
printf(" 感谢您的惠顾, 欢迎下次光临 ");
system("pause");                                   // 屏幕暂停, 按任意键继续
return 0;                                          // 主函数返回值
  }
```

4. 程序仿真

（1）"购物结算"程序仿真结果如图 6-13 所示。

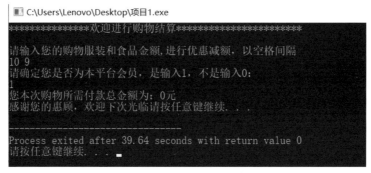

图 6-13　"购物结算"程序仿真结果图

（2）购买服装和食品的金额达不到类别购物优惠券范围,通过是否是平台会员来判别 conpon 变量的作用范围。如图 6-14 所示,当购物者是平台会员时,使用复合语句局部变量 conpon,即可抵扣 20 元;当购物总额为 19 元时,购物者付款金额为 0 元。如图 6-15 所示, 当购物者是非平台会员时,使用全局变量 conpon,即可抵扣 10 元;当购物总额在 19 元时, 购物者付款金额为 9 元。

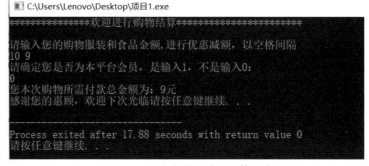

图 6-14　平台会员购物结算仿真

图 6-15　平台非会员购物结算仿真

案例延伸

（1）变量有不同的作用范围,人生亦是如此。人生由不同的阶段组成,在人生的学习阶 段要学会珍惜时间,利用有限的时间学习更多知识,创造更多的价值。另外,在日常生活过程中,时间是可以计算的,分清轻重缓急,有计划地朝着目标持续前行,成就辉煌人生。

(2)出身并不能决定自己的未来,通过努力能够实现人生的腾飞,同时不要忘记回馈社会、回馈祖国。

案例 5　数字游戏

案例导入

张震《英明的预见,正确的战役方针》:"兵马未动,粮草先行! 千万人民除了保证前线军需弹药粮草的供应处,还不顾一切艰苦,热情地转运与看护伤员。""兵马未动,粮草先行"是指出兵之前,先准备好军需弹药粮草,意思为做事之前,需提前做好工作准备。C 语言编程时,可通过预处理程序扩展 C 语言的功能,在编译前对源程序进行一些预加工,可生成扩展 C 语言源程序。以"数字游戏"案例对预处理程序进行学习,具体描述如下。

先由计算机"想"一个 1～100 之间的数,然后请玩家进行猜数,如果猜对了,则屏幕输出"恭喜您! 您猜对了";否则屏幕输出"很遗憾! 您猜错了,并询问是否重新猜",并给玩家提示"所猜的数是大了,还是小了";循环次数结束时提示"重新猜输入字符 'Y',否则输入字符 'N'"。最多可猜 5 次,如果 5 次均未猜对,则停止本次猜数。每次运行程序时,可反复猜多个数,直到玩家想退出游戏。

本案例中要从整体把握"数字游戏"规则和功能,程序功能主要包括"计算机想数""玩家猜数"和"判断是否继续",可按照模块化程序设计方法,对"计算机想数""玩家猜数"单独设计模块函数,然后按照"自顶而下"的程序设计流程进行程序编写,在程序编写开始前,需要预习定义程序所需的库函数和字符常量。在实现案例之前,我们先学习预处理程序的相关知识。

相关知识

1. 宏定义

预处理命令以"#"预定义字符开始,占单独书写行,尾部不加";",预处理程序可以出现在程序段任何位置,一般书写在程序开端,其作用范围是从起点到程序结束。主要包括宏定义、文件包含、条件编译等。

1)不带参数宏定义

定义格式:# define <标识符> <字符串>

功能:把程序中 # define 之后的所有指定标识符(宏名)用字符串(宏体)替换,其中标识符不用";"括起来且字母均为大写,字符串可缺省,表示宏名定义过或取消宏体。宏定义的位置可以书写在任意行,如文件开始处、函数外部。#undef 可终止宏名作用域。

终止格式:# undef <标识符>

说明:

(1)引号中的内容与宏名相同也不置换。

> 例如:# define PI 3.14
> 语句:printf("PI");（不置换）

（2）宏定义可以嵌套,不能递归。

> 例如:# define PI 3.14
> 　　# define P 2*PI （正确）
> 　　# define PI 2*PI （错误）

（3）宏定义中使用必要的括号 ( )。

> 例如:# define PI 3+3
> 语句:m=30/PI; 输出结果:13
> 例如:# define PI （3+3）
> 语句:m=30/PI; 输出结果:5

2）带参数宏定义

定义格式:# define ＜标识符＞(＜参数列表＞)＜字符串＞
调用格式:＜标识符＞(＜参数列表＞)

> 例如:#define A(m,n) m*m+n
> ……
> P=A(5,6); 输出结果:31

说明:

（1）形参用实参替换,其他字符保留。

> 例如:#define A(r) PI*r+r

运算过程中用实参替换形参 r,字符 PI 保留。

（2）宏体及各形参外应加 ( )。

> 例如:#define A(r) r*r
> 语句:int x=3,y=5,z; z=A(x+y) ; 语句展开为:z=x+y*x+y
> 若宏定义修改为:#define A(r) (r)* (r)
> 则上述语句展开为:z=(x+y)*(x+y)

2. 文件包含

功能:一个源文件可将另外一个源文件的内容全部包含。
定义格式:# include ＜文件名＞ 或 # include"文件名"

> 例如:# include <stdio.h> 或 # include"stdio.h"

<stdio.h> 是直接按照标准目录搜索头文件 stdio.h;"stdio.h"首先是在当前目录下对文件 stdio.h 进行搜索,若找不到再搜索标准目录可指定路径搜索。处理过程是:预编译时,用被包含文件的内容取代该预处理命令,再对"包含"后的文件作一个源文件编译。被包含文件内容包括源文件(*.c)和头文件(*.h)。

3. 条件编译

条件编译的功能是对源文件程序中部分内容指定编译条件，条件满足的部分才进行编译，条件编译可有效地提高程序的可移植性。条件编译的一般格式如表 6-3 所示。

表 6-3　条件编译和对应含义

形式	#ifdef <标识符> 　　程序段 1； [#else 　　程序段 2；] #endif	#ifndef <标识符> 　　程序段 1； [#else 　　程序段 2；] #endif	#if <表达式> 　　程序段 1； [#else 　　程序段 2；] #endif
含义	若 <标识符> 已经被 #define 命令定义，则对程序段 1 进行编译；若有 #else 部分，则编译程序段 2。#else 部分可以缺省	若 <标识符> 未被 #define 命令定义，则对程序段 1 进行编译；若有 #else 部分，则编译程序段 2。#else 部分可以缺省	若 <表达式> 值为非零，则对程序段 1 进行编译；若有 #else 部分，则编译程序段 2。#else 部分可以缺省

案例实现

1. 算法分析

本案例主要是实现玩家猜计算机随机生成的数，按照逻辑顺序分别设计"计算机想数""玩家猜数""判断程序是否继续"的流程进行设计，具体步骤如下：

（1）预定义程序，定义相关变量；

（2）定义 MakeNumber 函数和 GuessNumber 函数；

（3）调用 MakeNumber 函数，计算机"想"出一个 0 ～ 100 之间的数；

（4）调用 GuessNumber 函数，进行猜数，并判断猜测结果；

（5）if 语句判断是否退出猜数游戏。

2. 流程图表达

"玩家猜数"程序算法流程如图 6-16 所示。

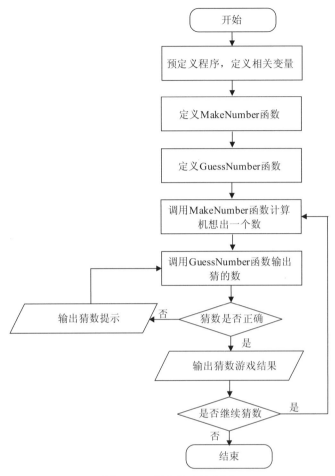

图 6-16　程序算法流程图

3. 代码编写

```
#include <stdio.h>                    // 标准输入 / 输出函数的头文件
#include <stdlib.h>                   //system() 头文件
#include<time.h>                      // 时间操作库函数头文件
#include<assert.h>                    // 宏定义 assert
#define MAX_NUMBER 100                // 定义数字最大值 MAX_NUMBER
#define MIN_NUMBER 1                  // 定义数字最小值 MIN_NUMBER
#define MAX_TIMES 15                  // 定义玩家猜的最多次数 MAX_TIMES
int MakeNumber();                     // 声明函数 MakeNumber
void GuessNumber(int number);         // 声明函数 GuessNumber
int main()                            // 主函数开始
{
    int number,cont;                  // 定义相关变量
    srand(time (NULL));               // 初始化随机种子
```

```c
    printf("************* 欢迎来到猜数游戏 ****************\n");       // 欢迎界面显示
    do{                                                    // 循环数字游戏判断
        number= MakeNumber();                              // 调用 MakeNumber 函数
        GuessNumber(number);                               // 调用 GuessNumber 函数
    printf(" 请问您是否重新玩数字游戏,重新猜输入 Y,否则输入 N\n"); // 选择是否继续
    cont=getchar();                                        // 获取输入结果
    while (getchar()!='\n')                                // 吸收回车符前的误输入

        {
        ;                                                  // 空语句
        }
    }while(cont!= 'N'&&cont!= 'n');                        // 结束猜数游戏
    system("pause");                                       // 屏幕暂停,按任意键结束
    return 0;                                              // 主函数返回值
}
int MakeNumber()                                           // 定义 MakeNumber 函数
{
    int number;                                            // 定义 MakeNumber 函数内部变量
    number=(rand()%(MAX_NUMBER- MIN_NUMBER+1))+ MIN_NUMBER; /* 计算机随
机想出 0 ～ 100 之间的数 */
    assert(number>= MIN_NUMBER&& number<= MAX_NUMBER); /* 判断计算机"想"
出的数是否合法 */
    return number;                                         // 返回 MakeNumber 计算值
}
void GuessNumber(int number)                               // 定义 GuessNumber 函数
{
    int guess,times=0;                                     // 定义 GuessNumber 函数内部变量
    assert(number>= MIN_NUMBER&& number<= MAX_NUMBER); /* 判断计算机"想"
出的数是否合法 */
    do{
    times++;                                               // 玩家猜数次数计数
    printf(" 请输入您猜的数: ");                           // 输入提示
    scanf("%d",& guess);                                   // 读取玩家猜的数
    while(getchar()!='\n')                                 // 吸收回车符前的误输入

        {
        ;                                                  // 空语句
```

```
    }
    if(guess>number)                          // 判断玩家猜数是否高了
    printf(" 很遗憾！您猜的数太高了 \n");      // 给玩家提示
    else if(guess<number)                      // 判断玩家猜数是否低了
    printf(" 很遗憾！您猜的数太低了 \n");      // 给玩家提示
}while(guess!=number&&times<MAX_TIMES);        // 当玩家猜对或达到最高次数
if(guess==number)                              // 判断玩家猜数是否正确
printf(" 恭喜您！您猜对了 \n");                // 给玩家提示
else
printf(" 在您尝试 %d 次后，仍然失败了，可重新来一局 \n", MAX_TIMES); /* 给玩家
提示 */
}
```

4. 程序仿真

"数字游戏"程序仿真结果如图 6-17 所示。

图 6-17　"数字游戏"程序仿真结果图

案例延伸

机会是留给有准备的人，正所谓"未雨绸缪"，做任何事情前尽可能做好万全的准备，只有这样，我们成功的机会才会增多。学习和生活亦是如此，提前制订工作计划、分配时间，能够使工作和学习更有条理和逻辑；提前预习所学课程内容知识，能够提高学习效率。

本章小结

（1）函数的定义、声明、调用。使用和定义函数时，一定要明确参数和返回值类型，避免 C 语言的不严谨引起的结果错误。

（2）变量的生命周期和作用范围。全局变量的生命周期是从变量定义开始到程序运行结束，局部变量主要包括形参变量、函数体变量及复合语句变量；静态变量在运行过程中只初始化一次。

（3）函数调用和函数递归。在编程递归函数时，必须在函数内有终止递归调用的手段，防止递归调用无终止地进行。

（4）预处理命令的种类和使用格式。

课后练习

一、选择题

1. 在函数的说明和定义时若没有指出函数的类型，则（　　　）。

A. 系统自动地认为函数的类型为整型

B. 系统自动地认为函数的类型为字符型

C. 系统自动地认为函数的类型为实型

D. 编译时会出错

2. 正确的函数定义形式是（　　　）。

A.double fun(int x,int y){ }　　　　　　　　　B.double fun(int x;int y){ }

C.double fun(int x,int y);　　　　　　　　　　D.double fun(int x,y);

3.C 语言规定，函数返回值的类型由（　　　）。

A.return 语句中的表达式类型所决定

B. 调用该函数时的主调函数类型所决定

C. 调用该函数时系统临时决定

D. 在定义该函数时所指定的函数类型所决定

4.C 语言允许函数返回值类型默认定义，此时该函数隐含的返回值类型是（　　　）。

A.float 型　　　　　　B.int 型　　　　　　C.long 型　　　　　　D.double 型

5. 若调用一个函数且此函数中没有 return 语句，则该函数（　　　）。

A. 没有返回值

B. 返回若干个系统默认值

C. 能返回一个用户所希望的函数值

D. 返回一个不确定的值

6. 对于 C 语言程序的函数，以下叙述正确的是（　　　）。

A. 函数定义不能嵌套，但函数调用可以嵌套

B. 函数定义可以嵌套，但函数调用不能嵌套

C. 函数定义与调用均不能嵌套

D. 函数定义与调用均可以嵌套

7. 下面函数调用语句含有实参的个数为（　　　）。

func((exp1,exp2),(exp3,exp4,exp5));

A.1　　　　　　　　B.2　　　　　　　　C.5　　　　　　　　D.4

8. 以下说法中正确的是（　　　）。

A.C 语言程序总是从第一个定义的函数开始执行

B. 在 C 语言程序中，要调用的函数必须在 main 函数中定义

C. 语言程序总是从 main 函数开始执行

D.C 语言程序中的 main 函数必须放在程序的开始部分

9. 在 C 语言中以下不正确的说法是（　　　）。

A. 实参可以是常量、变量或表达式

B. 形参可以是常量、变量或表达式

C. 实参可以为任意类型

D. 形参应与其对应的实参类型一致

10. 有如下函数定义：

int func(int a,int b){a++;b++;}

若执行代码段：

int x = 0,y=1;

func(x,y);

则变量 x 和 y 的值分别是（　　　）。

A.0 和 1　　　　　B.1 和 1　　　　　C.0 和 2　　　　　D.1 和 2

二、程序分析题

1. 写出下列程序的运行结果

```c
#include <stdio.h>
int square(int i)
{
    return i*i;
}
int main()
{
    int i=0;
    i=square(i);
    for( ; i<3;i++)
    {
        static int i=1;
```

```
        i+= square(i);
        printf("%d",i);
    }
    printf("%d",i);
    return 0;
}
```

2. 写出下列程序的运行结果

```
#include <stdio.h>
Void Bin(int x)
{
if(x/2>0)
Bin(x/2);
printf("%d\n",x%2);
}
int main(void)
{
Bin(12);
return 0;
}
```

三、编程题

1. 编写一个函数,将 3 个数按由小到大的顺序排列并输出。在 main 函数中输入 3 个数,调用该函数完成这 3 个数的排序。

2. 写一个判断素数的函数,在主函数输入一个整数,输出是否为素数的信息。

3. 用递归函数编程计算 1! +3! +5! +⋯+n! (n 为奇数)。

4. 编写一个判断奇偶数的函数,要求在主函数中输入一个整数,通过调用函数输出该函数是奇数还是偶数的信息。

5. 编写 3 个函数实现以下操作:

(1)输入 10 个学生的成绩;

(2)计算课程的平均分;

(3)求出课程的最高分。

第 7 章　数组

学习目标

知识目标

（1）理解数组的概念。

（2）掌握一维数组的定义、初始化、引用的方法。

（3）掌握二维数组的定义、初始化、引用的方法。

（4）掌握字符数组的定义、初始化、引用的方法。

技能目标

（1）能够运用一维数组解决实际问题，并完成相应的代码编写。

（2）能够运用二维数组解决实际问题，并完成相应的代码编写。

（3）能够运用字符数组解决实际问题，并完成相应的代码编写。

素质目标

（1）能够树立崇高的职业理想和家国情怀。

（2）具有刻苦钻研、勇于探索的精神和严谨的态度。

（3）具有严谨细致、一丝不苟、精益求精的工匠精神。

学习重点、难点

重点

（1）掌握数组的基本概念。

（2）掌握一维数组的定义、初始化、引用及实际应用。

（3）掌握二维数组的定义、初始化、引用及实际应用。

（4）掌握字符数组的定义、初始化、引用及实际应用。

难点

（1）掌握数组的概念。

（2）综合应用一维数组、二维数组、字符数组解决复杂问题。

案例 1　最美教师

案例导入

学期末,医学院组织"最美教师"评选活动,旨在加强医学院教师队伍职业道德教育,激励全院教师学习先进典型,以"最美教师"为榜样,爱岗敬业、为人师表,弘扬立德树人精神。医学院各个班级 30 名班长代表全班同学进行投票。评选采用不记名方式投票,用数字 1 ~ 5 分别代表 5 位候选教师,投票时班长按照候选教师对应数字投票,最后对选票进行统计,得票最多者获胜。

相关知识

1. 数组

在程序中,经常需要对一批数据进行操作,例如统计某个学校 100 名员工的平均工资。如果使用基本数据类型来存放这些数据,就需要定义 100 个变量,显然这样做很麻烦,而且很容易出错。这时,可以使用 x[0]、x[1]、x[3]、⋯、x[99] 表示这 100 个变量,并通过方括号中的数字来对这 100 个变量进行区分。

在程序设计中,使用 x[0]、x[1]、x[2]、x[n] 表示的一组具有相同数据类型的变量集合称为数组 x。数组中的每一项称为数组的元素,每个元素都有对应的下标,用于表示元素在数组中的位置序号,下标从 0 开始,置于方括号中。

为了使大家更好地理解数组,接下来,通过一张图来描述数组 x[10] 的元素分配情况,如图 7-1 所示。

x[0]	x[1]	x[2]	x[3]	x[4]	x[5]	x[6]	x[7]	x[8]	x[9]

图 7-1　数组 x[10]

图 7-1 所示的数组 x 包含 10 个元素,这些元素按照下标的顺序进行排列。由于数组元素的下标从 0 开始,数组 x 中的第 n 个元素的下标为 n-1。需要注意的是,根据数据的复杂度,数组下标的个数是不确定的。数组元素下标的个数也称为维数,根据维数的不同,可将数组分为一维数组、二维数组、三维数组、四维数组等。通常情况下,我们将三维及以上的数组称为多维数组。

注意:数组在内存中存储时,占用的是一段连续的内存。

2. 一维数组的定义

一维数组是最基础和常用的数组,掌握了一维数组,会极大地提高读者的数据组织能力,除掌握之外,了解一维数组对理解二维数组也有很大的帮助。本节将针对一维数组的相关知识进行细讲解。

一维数组是只有一个下标的数组,它用来表示一组类型相同的数据。在 C 语言中,一维数组的定义方式如下所示：

　　类型说明符 数组名 [常量表达式]

　　在上述语法格式中，类型说明符表示数组中所有元素的类型，常量表达式指的是数组的长度，也就是数组中存放元素的个数。例如，定义一个长度为 5 的 int 类型数组，代码如下。

```
int i[5];
```

　　上述代码定义了一个一维数组，其中，int 是数组的类型，i 是数组的名称，方括号中的 5 是数组的长度。

3. 一维数组初始化

　　定义一个数组只是为数组开辟了一块内存空间。如果想使用数组操作数据，还需要对数组进行初始化。数组初始化的常见的方式有 3 种，具体如下。

　　（1）直接对数组中的所有元素赋值，示例代码如下。

```
int i[5]={1,2,3,4,5};
```

　　上述代码定义了一个长度为 5 的整型数组 i，数组中元素的值依次为 1、2、3、4、5。

　　（2）只对数组中的一部分元素赋值，示例代码如下。

```
int i[5]={1,2,3};
```

　　上述代码定义了一个长度为 5 的整型数组 i，但在初始化时，只对数组中的前 3 个元素进行了赋值，其他元素的值会被默认设置为 0。

　　（3）对数组全部元素赋值，但不指定长度，示例代码如下。

```
int i[]={1,2,3,4,5};
```

　　上述代码中，数组 i 中的元素有 5 个，系统会根据给定初始化元素的个数定义数组的长度。

　　因此，数组 i 的长度为 5。

案例实现

1. 算法分析

　　（1）根据案例描述，先确定程序中使用的变量。

　　（2）输入实际参加投票的人数及每个投票人的投票内容。

　　（3）用 for 循环加 switch 语句实现对每位候选教师的得票情况进行统计。

　　（4）对统计后得到的票数，运用求极值方法求出得票最多的候选教师。

　　（5）将最终投票及获胜情况进行打印输出。

2. 流程图表达

算法流程如图 7-2 所示。

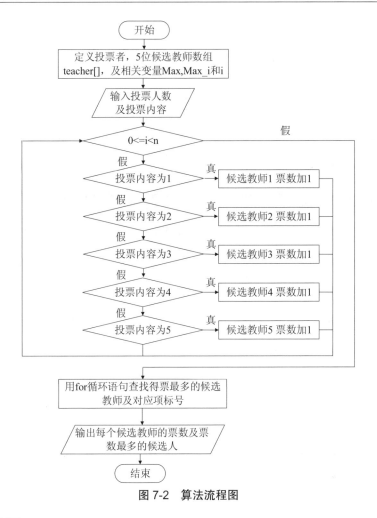

图 7-2　算法流程图

3. 代码编写

```
#include <stdio.h>                    // 标准输入 / 输出函数头文件
#include <stdlib.h>                   // system() 函数的头文件
int main()                           // 主程序开始
{
    int student[30],n;                // 定义投票者数组（选票数组）及投票者数量 n
    int teacher[5]={0,0,0,0,0};        // 定义 5 位候选教师（票数计数器）
    int Max,Max_i,i;                  // 定义票数最大值变量、最大值对应的候选教师变量
    printf(" 请输入投票人数（不大于 30):");
    scanf("%d",&n);                   // 输入参与投票班长人数
    printf(" 请输入 %d 张选票内容（1~5 数字，以空格分隔）: \n ",n);
    for(i = 0; i < n; i++)             // for 循环实现输入所有投票内容
        scanf("%d",&student[i]);
for(i = 0; i < n; i++)                // for 循环 +switch 语句统计每个候选教师的票数
        switch(student[i])
```

```
        {
           case 1:                        // 投票内容是 1
              teacher[0]++; break;        // 第 1 个候选教师票数计数器加 1
           case 2:                        // 投票内容是 2
              teacher[1]++; break;        // 第 2 个候选教师票数计数器加 1
           case 3:                        // 投票内容是 3
              teacher[2]++; break;        // 第 3 个候选教师票数计数器加 1
           case 4:                        // 投票内容是 4
              teacher[3]++; break;        // 第 4 个候选教师票数计数器加 1
           case 5:                        // 投票内容是 5
              teacher[4]++; break;        // 第 5 个候选教师票数计数器加 1
        }
Max = teacher[0]; Max_i = 0;
    for(i = 1; i < 5; i++)
    if(teacher[i] > Max)
    {
    Max = teacher[i];Max_i = i;
  }
  printf("\n 得票情况汇总:\n");
    for(i = 0; i < 5; i++)                // for 循环显示每个候选教师的票数
    printf(" 候选教师 %d 得票:%d\n",i+1, teacher[i]);
    printf("\n 候选教师 %d 得票最多,恭喜获得最美教师称号！\n",Max_i+1);
    system("pause");                      // 暂停屏幕,便于观察结果,按任意键退出
return 0;
}
```

4. 程序仿真

程序仿真结果如图 7-3 所示。

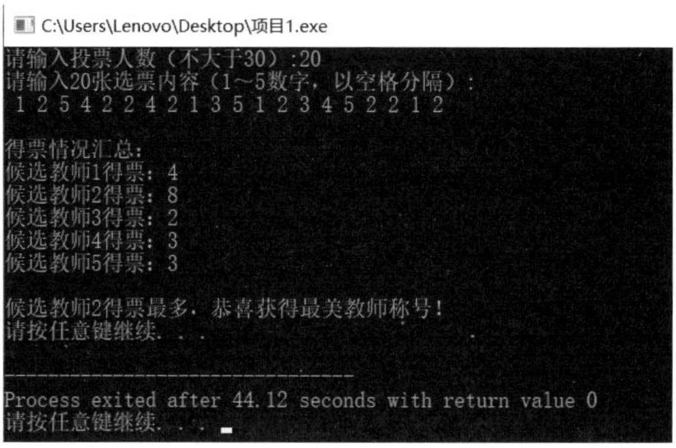

图 7-3   程序仿真结果图

案例延伸

（1）数组常用于处理大数据问题，将同一种数据类型存在数组变量中，能够简化程序的编写。

（2）在学习和工作过程中，要向典型先进人物学习，尤其是学精神、学品质、学方法，以典型为参照系，见贤思齐、锐意进取，以自己的实际行动服务祖国、服务社会、服务人民。

案例 2　成绩排序

案例导入

在生活中气泡现象处处可见，例如水杯中的气泡从底部浮起的过程中会越来越大，这是物理中的压强的作用。水中气泡内是有压强的，大小等于该点水产生的压强，即气泡内气体压强等于气泡外水的压强（液体压强的公式是 p=ρgh）。在气泡上浮过程中，气泡外水的压强会逐步变小，气泡体积逐步变大。数据处理中的排序问题就经常用到冒泡法。学期末，C语言程序设计老师，想知道全班成绩排列顺序，利用排序法对医学影像技术专业 2001 班的成绩由最低分到最高分进行排列。

相关知识

在冒泡排序的过程中，以升序排列为例，不断地比较数组中相邻的两个元素，较小者向上浮，较大者往下沉，整个过程和水中气泡上升的原理相似。接下来分步讲解冒泡排序的整个过程，具体如下。

（1）从第 1 个元素开始，将相邻的两个元素依次进行比较，直到最后两个元素完成比较。如果前一个元素比后一个元素大，则交换它们的位置。整个过程完成后，数组中最后一个元素自然就是最大值，这样也就完成了第 1 轮的比较。

（2）除了最后一个元素，将剩余的元素继续进行两两比较，过程与第 1 步相似，这样就可以将数组中第 2 大的元素放在倒数第 2 个位置。

（3）对剩余元素重复以上步骤，直到没有任何一对元素需要比较为止。以数组 int arr[]={3,6,4,2,11,10,5} 为例，使用冒泡排序调整数组顺序的过程如图 7-4 所示。

在进行元素交换时，需要一个中间变量辅助完成交换。例如 int arr[]={3,6,4,2,11,10,5} 中的两个元素 arr[1] 与 arr[2] 进行交换，需要先定义一个中间变量 temp，让变量 temp 记录 arr[1]，然后就将 arr[2] 赋给 arr[1]，最后再将 temp 赋给 arr[2]，完成 4 和 6 的交换，其交换过程如图 7-5 所示。

图 7-4　冒泡排序过程

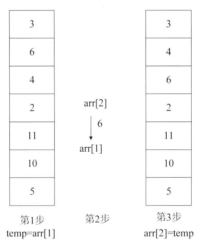

第1步　　　　第2步　　　　第3步
temp=arr[1]　　　　　　　arr[2]=temp

图 7-5　冒泡排序交换过程

在图 7-5 中,可以使用 for 循环遍历数组元素,因为每一轮数组元素都需要两两比较,所以需要嵌套 for 循环完成排序过程。其中,外层循环用来控制进行多少轮比较,每一轮比较都可以确定一个元素的位置;内层循环的循环变量用于控制每轮比较的次数,在每次比较时,如果前者小于后者,就交换两个元素的位置。需要注意的是,由于最后一个元素不需要进行比较,外层循环的次数为数组的长度减 1。

注意:

(1)数组的下标是用"[ ]"括起来的,而不是"( )";

(2)数组同变量的命名规则相同;

(3)数组定文中,常量表达式的值可以是符号常量。假设预编译命令 #define N 4,则下面的定义就是合法的。

```
int a[N];   // 常量表达式的值是符号常量
```

案例实现

1. 算法分析

（1）定义一个足够长的数组 arr[]，以容纳学生成绩，定义一个变量 n，接收键盘输入指定学生的数量。

（2）用双重 for 循环实现相邻成绩的比较与交换，设置两个循环控制变量 i、j，i 控制比较的轮数，j 控制相邻成绩。注意，i 的取值范围是 0~n-1，j 的取值范围是 0 ～ n-1-i（n 是数组的长度）。两数 a、b 成绩的交换方法：引入一个临时变量 temp，先把 a 的值赋给 temp 暂存，然后把 b 的值赋给 a，再将 temp 里暂存的 a 的值赋给 b，从而完成两成绩的交换操作。

（3）将排好序的 arr 数组打印输出。为了清晰演示成绩排序过程，将每一轮的排序结果打印出来，最后一轮比较完成后，即成绩排序后的结果。

2. 流程图表达

算法流程如图 7-6 所示。

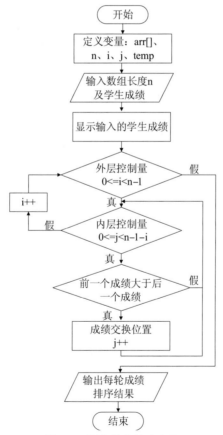

图 7-6　冒泡排序的流程图

3. 代码编写

```
#include <stdio.h>                          // 标准输入 / 输出函数的头文件
#include <stdlib.h>                         // system() 函数的头文件
#define COUNT 50                            // 定义符合常量 COUNT, 数组长度
int main()                                  // 主函数开始
{
    int arr [COUNT];                        // 定义一维数组变量 arr
    int i, j, temp,n;                       // 定义变量
    printf(" 请输入班级人数 :");            // 输入提示
    scanf("%d",&n);                         // 获取人数
    printf(" 请按照顺序输入 %d 个学生的 C 语言成绩（以空格分隔）: \n ",n);
    for(i=0; i<n; i++)
        scanf("%d",&arr[i]);                // 依次输入每个学生的成绩
    printf("\n 成绩排序前 :\n ");
    for(i=0;i<n;i++)                        // 显示排序前的学生成绩
        printf("%d ",arr[i]);
        printf("\n\n");
    for (i = 0; i < n-1; i++)               // 外循环控制比较的轮数
      {
      for (j = 0; j < n-1-i; j++)           // 内循环进行比较与交换
        if(arr[j] > arr[j+1])               // 如果前一个成绩比后一个相邻成绩大
        {
           temp = arr[j];                   // 则交换成绩位置
           arr[j] = arr[j+1];
           arr[j+1] = temp;
        }
    printf(" 第 %d 轮成绩排序后:",i+1);
      for(j = 0; j< n; j++)                 // 一轮完成后, 即得到成绩排序的最终结果
      printf("%d ",arr[j]);
    printf("\n");                           // 输出一行后换行
    }
    system ("pause");                       // 暂停屏幕, 便于观察
    return 0;
}
```

4. 程序仿真

程序仿真结果如图 7-7 所示。

图 7-7 程序运行结果

案例延伸

（1）在程序开发时，数组应用很广泛，如经常对数组元素进行遍历、获取最值、排序操作等。例如，公司销售额管理系统经常会将业务员的销售额保存在一个数组中，然后对销售额按从大到小的顺序排列。

（2）如果利用定义单个变量的方式进行大数据量的排序处理，将大大增加程序量。所以在工作和学习过程中要善于针对问题寻找新方法，能够达到事半功倍的效果。也要善于学习新知识、新技术，以开阔眼界、强化思维能力。

案例 3 杨辉三角

案例导入

杨辉三角，是二项式系数在三角形中的一种几何排列，中国南宋数学家杨辉 1261 年所著的《详解九章算法》一书中出现。在欧洲，帕斯卡（1623—1662）在 1654 年发现这一规律，所以这个表又叫作帕斯卡三角形。帕斯卡的发现比杨辉要迟 393 年，比贾宪迟 600 年。杨辉三角是中国数学史上的一个伟大成就。

杨辉三角，又称帕斯卡三角形，是二项式系数在三角形中的一种几何排列。其前 10 行样式如图 7-8 所示。要求通过编程在屏幕上打印出杨辉三角的前 10 行。

```
1
1   1
1   2   1
1   3   3   1
1   4   6   4    1
1   5   10  10   5    1
1   6   15  20   15   6    1
1   7   21  35   35   21   7    1
1   8   28  56   70   56   28   8    1
1   9   36  84   126  126  84   36   9   1
```

图 7-8　杨辉三角

相关知识

1. 二维数组的定义

在实际的工作中,仅仅使用一维数组是远不够的。例如,每个学习小组有 5 个人,每个人有 3 门课的考试成绩,在保存这 5 个学生的各科成绩时,如使用一维数组解决是很麻烦的。这时,可以使用二维数组,本节我们将针对二维数组进行详细的讲解。

二维数组是指维数为 2 的数组,即数组有两个下标。二维数组是对一维数组的扩展,将一维数组的每个元素扩展为一行元素,既由一维数组扩展为二维数组。二维数组的定义方式与一维数组类似,其语法格式如下。

```
int a[ 常量表达式 1][ 常量表达式 2];
```

在上述语法格式中,"常量表达式 1"被称为行下标,"常量表达式 2"被称为列下标。例如,定义一个 3 行 4 列的二维数组,代码如下。

```
int a[3][4];
```

在上述定义的二维数组中,共包含 3×4 个元素,即 12 个元素。接下来通过一张图来描述二维数组 a 的元素分布情况,如图 7-9 所示。

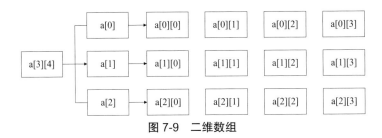

图 7-9　二维数组

从图 7-9 中可以看出,二维数组 a 是按行进行存放的,先存放 a[0] 行,再存放 a[1] 行、a[2] 行,并且每行有 4 个元素。

2. 二维数组的初始化

完成二维数组的定义后,需要对二维数组进行初始化,初始化二维数组的方式有 4 种,具体如下。

（1）按行给二维数组赋初值。例如：

```
int a[2][3]={{1,2,3},{4,5,6}};
```

在上述代码中，等号后面有一对大括号，大括号中的第 1 对括号代表的是第 1 行的数组元素，第 2 对括号代表的是第 2 行的数组元素。

（2）将所有的数组元素按行顺序写在 1 个大括号内。例如：

```
int a[2][3]={1,2,3,4,5,6};
```

在上述代码中，二维数组 a 共有两行，每行有 3 个元素，其中，第 1 行的元素依次为 1、2、3，第 2 行元素依次为 4、5、6。

（3）对部分数组元素赋初值。例如：

```
int b[3][4]={{1,2},{1,2},{1,2,1}};
```

在上述代码中，只对数组 b 中的部分元素进行了赋值，对于没有赋值的元素，系统会自动赋值为 0，数组 b 中元素的存储方式如图 7-10 所示。

图 7-10　二维数组 b

（4）如果对全部数组元素置初值，则二维数组的行下标可省略，但列下标不能省略。例如：int a[2][3]={1,2,3,4,5,6};

可以写为：

```
int a[][3]={1,2,3,4,5,6};
```

系统会根据固定的列数，将后边的数值进行划分，自动将行数定为 2。

案例实现

1. 实现思路

（1）定义一个二维数组。

（2）定义双层 for 循环，外层循环负责控制行数，内层循环负责控制列数。

（3）根据规律给数组元素赋值。

（4）最后用双层 for 循环将二维数组中的元素打印出来，即把杨辉三角输出到屏幕上。

根据上面总结的规律，可以将杨辉三角看作一个二维数组 arr[n][n]，并使用双层循环控制程序流程，为数组 arr[n][n] 中的元素逐一赋值，假设数组元素记为 arr[i][j]，则满足 arr[i][j]=arr[i-1][j-1]+arr[i-1][j]。

2. 流程图表达

算法流程如图 7-11 所示。

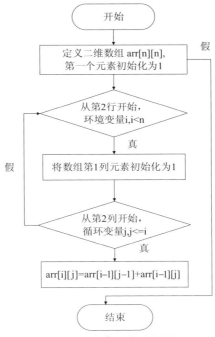

图 7-11　杨辉三角流程图

3. 代码编写

```c
#include <stdio.h>              // 标准输入 / 输出函数的头文件
#include <stdlib.h>             // system() 函数的头文件
#define N 10                    // 定义符号常量 N 为 10
int main()                      // 主函数开始
{
    int i, j;                   // 定义循环控制变量
    int arr[N][N]={ 1 };        // 定义一个 N 行 N 列的二维数组,初始化为 1
for (i=1;i<N;i++)               // 外层循环控制杨辉三角的行数
{
    arr[i][0]=1;                // 每一行第 1 个元素都赋值为 1
    for (j=1;j<=i;j++)          // 内层控制杨辉三角的列数
    arr[i][j] =arr[i-1][j-1]+arr[i-1][j];
}
    for (i=0;i<10;i++)          // 双重 for 循环打印这个二维数组中的元素
{
    for (j=0;j<=i;j++)
        printf("%5d",arr[i][j]);
    printf("\n");               // 换行
```

```
    }
        return 0;
    }
```

4. 程序仿真

程序仿真结果如图 7-12 所示。

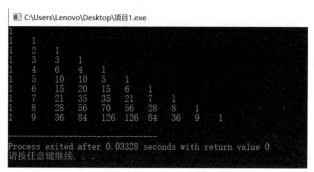

图 7-12　程序运行结果

案例延伸

（1）数组元素的下标都有一个范围，即"0 ～ [数组长度 -1]"，假设数组的长度为 6，其元素下标范围为 0~5。当访问数组中的元素时，下标不能超出这个范围，否则程序会报错。

（2）通过杨辉三角的有趣应用，我们可以发现，数学的思维时刻影响着我们的生活。正如浙江师范大学教授张维忠在《文化视野中的数学与数学教育》所说：数学作为一种文化，其文化价值在于它是打开科学大门的钥匙，是科学的语言，是思维的工具，是一种思想方法，更是一种理性的精神。

案例 4　英文统计

案例导入

语言学家 TERREL 认为，阅读者即使语法知识欠缺，但只要掌握足够的词汇量，也能很好地理解英文和使用英文进行表达。通过调查发现，英文学习者如能达到 5000 词汇量，阅读正确率可达到 56%，词汇量达到 6400 阅读正确率 63%。5000 词汇量是阅读词汇量的下限。

期末考试前，医学院专业英语老师布置了一篇英文阅读理解文章。小明，想知道这篇文章的单词和字母数量，利用 C 语言程序设计一个可以统计英文文章单词和字母的程序。

相关知识

1. 字符数组的定义
字符数组的定义方法同数值型数组。

一维字符数组定义格式如下。

char c[5];   // 定义一个有 5 个元素的字符数组 c

2. 字符数组的初始化

数组定义时直接进行初始化。例如:

char c[7]= { t , e , a ,c , h, e, r };

(1)当对全体元素赋初值时可省略数组长度。若使用"printf(" %d \ n " ,sizeof(c));",则输出字符数组长度为 7。

(2)若对字符数组部分赋值,则没有赋值的元素默认值为空字符,即自动为 \ 0 。例如:char c[9]={ t , e , a ,c , h, e, r };数组状态如图 7-13 所示。

| t | e | a | c | h | e | r | \0 | \0 |

图 7-13   数组状态

3. 字符数组的引用

字符数组的引用和普通数组一样,通过数组的名称 + 下标来唯一确定要访问的每一个数组元素。因为字符数组一般存储多个字符,所以一般使用循环来进行引用。

字符数组的输入 / 输出有以下两种方式。

(1)逐个字符输入 / 输出,使用格式化符号"%c"逐个输入输出字符;

(2)C 语言提供了使用 printf(函数和 scanf)函数一次输出、输入一个字符串的格式化符号 "%s"。

4. 字符串的输入与输出

1)字符串输入函数 gets

格式: gets(字符数组名);

功能:从终端上输入一个字符串到字符数组。该函数得到一个函数值,即为该字符数组的首地址。gets 函数允许输入空格,当输入的字符串含有空格时不被截断。

2)字符串输出函数 puts

格式: puts()(字符数组名);

功能:把字符数组中的字符串输出到显示器。

案例实现

1. 算法分析

(1)确定变量。定义一个一维字符数组存储键盘输入的字符;定义两个计数器分别记录英文单词与字母数量;定义一个整型标志变量 Flag,来表明一个单词是否结束,为 0 表明上一个单词已结束,为 1 表明上一个单词未结束。用标志变量 Flag 来区分不同的单词是本算法的核心。

(2)根据提示语句,利用循环结构从键盘输入一行或多行英文语句,将输入的内容存入字符数组并显示在屏幕上,以检验输入是否有误。

(3)遍历字符数组,对是字母的字符进行统计,其他字符忽略。

（4）标志变量 Flag 初始化为 0，遍历字符数组，如果当前字符 str[i] 不是字母，则置 Flag 为 0，表示前一个单词结束；如果当前字符 str[i] 是字母且 Flag 为 0，表示下一个单词已开始，则置 Flag 为 1，单词计数器加 1。

（5）将统计结果打印输出。

2. 流程图表达

算法流程如图 7-14 所示。

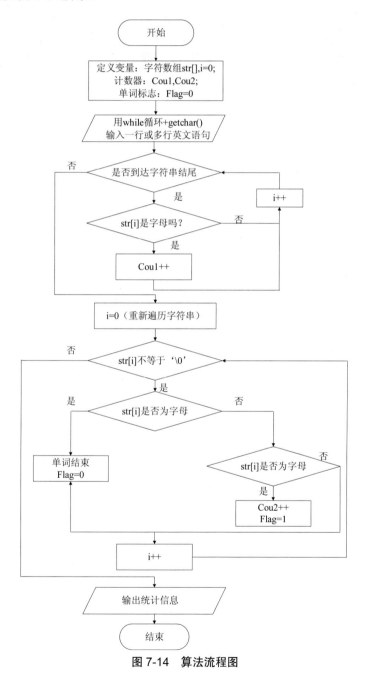

图 7-14　算法流程图

3. 代码编程

```
#include <stdio.h>          // 标准输入 / 输出函数头文件
#include <stdlib.h>         // system() 函数头文件
#define MAX 100             // 定义数组最大长度
int main()                  // 主程序开始
{
    char str[MAX],ch;       // 定义一个足够长的数组 str[ ] 及接收字符的变量 ch
    int i=0, Cou1=0,Cou2=0; // 定义循环控制变量及两个计数器（单词 // 数、字母数）
    int Flag=0;             // Flag 用来指示一个单词是否结束（0 表示上一个单词已
                            // 结束,下一个单词将开始;1 表示上一个单词未结束）
    printf(" 请输入一行或多行英文句子（以 # 字符结束）,进行单词数量统计 :\n\n");
    while((ch=getchar()) != '#')   // 输入英文句子,以 "#" 字符作为输入结束标志
    {
        if(i>MAX){          // 判断输入的英文是否超过允许的最大长度
            printf("\n 注意：你输入的内容过长,超出 %d 个字符的内容将被忽略！\n",MAX);
            break; }
        str[i++] = ch;      // 将键盘输入的字符存入字符数组
    }
        str[i]='\0';        // 在字符数组末尾填充字符串结束标志以下 for 循环统计
                            // 文字母个数,若未到达结束符 \0 ,则执行 i++
    for(i=0; str[i] !='\0' ; i++)
    {
    if(('A' <=str[i]&&str[i]<='Z')||('a'<=str[i]&&str[i]<='z'))
                            // 只对英文字母进行统计
    Cou1++;                 // 若字符是字母,则计数器 Cou1++
    }
                            // 以下 for 循环统计单词个数 , 若未到达结束符 \0 ,则执行
i++
    for(i=0; str[i]!= '\0'; i++)
    {
    if((str[i]< 'A'||str[i]> 'Z') && (str[i]<'a'||str[i]> 'z'))
                            // 判断当前字符 str[i] 是否为字母个单
    Flag = 0;               // 如果不是字母,表示上一词已结束,则置 Flag=0
    else if(Flag == 0)      // 如果是字母,然后判断上一个单词是否已结束
                            //Flag 为 0 表示上一个单词已结束
        {
```

```
    Flag = 1;                    // 上一个单词已结束且当前字符 str[i] 又是字母
    Cou2++;                      // 计数器 Cou2++
    }
}
printf("\n 你输入的英文句子是: \n");
puts(str);                       // 用 puts 函数回显字符串
printf("\n 统计信息: 共包含 %d 个英文单词,%d 个英文字母。\n",Cou2,Cou1);
system("pause") ;
return 0;
}
```

4. 程序仿真

程序仿真结果如图 7-15 所示。

图 7-15　程序运行结果

案例延伸

（1）使用字符数组时一定要指定数组的长度,否则默认数组长度为 1;字符数组与数值数组有一个很大的区别,即字符数组可以通过"%s"一次性全部输出,而数值数组只能逐个输出每个元素。

（2）在日常的学习过程中要注重知识的积累,知识积累越多对问题和事物的把握更加准确。英文作为信息的重要载体之一,掌握专业英语知识能够同国际学者进行思想对话,通过引进、吸收、再创新的方法,提升思维和技术的进步、发展。

本章小结

（1）数组分为数值数组（整数组、实数组）、字符数组等。
（2）数组类型阐明由类型说明符、数组名、数组长度（数组元素个数）三个要素组成。

数组元素又称下标变量。数组的类型是指下标变量取值的类型。

（3）对数组的赋值能够用数组初始化赋值,输入函数动态赋值和赋值语句赋值三种办法完成。对数值数组不能用赋值语句全体赋值、输入或输出,而有必要用循环语句逐一对数组元素进行操作。

课后练习

一、填空题

1. 数组的下标是从_____开始的。

2. 定义数组 int arr[10], 则数组的大小为_____。

3. 数组的下标是用_____括起来的。

4. 定义二维数组 int arr[2][3],则该数组最多可存放_____个元素。

5. 若数组 int a[]={1.4.9,4,23}, 则 a[2]= _____。

6. 若定义二维数组 int arr[3][3]={46,3,100,44,89,26,38,99,0}, 则 arr[1][2]= _____。

二、判断题

1. 数组中的元素数据类型必须相同。（   ）

2. 一维数组的元素在内存中是连续排列的。（   ）

3. 一维数组的元素在内存中并不是连续的。（   ）

4. 数组不同于变量,它的名字可以使用关键字。（   ）

5. 数组在初始化时不可以只赋值一部分,必须全部赋值初始化。（   ）

6. 二维数组进行定义与初始化时,行下标与列下标均不能省略。（   ）

三、选择题

1. 若 int a[2][3]={{1,2,3},{4,5,6}}, 则 a[1][1] 的值为（   ）。

  A. 2   B. 3   C. 4   D. 5

2. 关于数组类型的定义,下列描述中正确的是（   ）。（多选）

A. 数组的大小一旦定义就是固定的

B. 一个数组中的各元素类型可以不一样

C. 数组的下标类型为整型

D. 数组元素的下标从 1 开始

3. 若 int i[5]={1,2,3}, 则 i[2] 的值为（   ）。

A.1   B. 2   C. 3   D. null

4. 下面关于二维数组的定义,正确的是（   ）。（多选）

A. int a[2][3]={{1,2,3},{4.5,6}};

B. int a[2][3]={1,2,3,4,5,6};

C. int b[3][4]={{1},{4,3},{2,1,2}};

D. int a[][3]={1,2,3,4,5,6};

5. 关于数组的定义与初始化,下列哪一项是错误的？（   ）

A int arr[5]={1,2,3,4,5};

B.int arr[]={1,2,3,4,5};

C.int arr[5]={1,2,3};

D.int arr[5]={1,2,3,4,5,6};

四、编程题

1. 有 10 名学生的成绩，分别为 98.5，90，67，86.5，77.5，66，100，92，83，78，请编写一个程序，通过冒泡排序算法对这 10 个学生的成绩进行从大到小的排序。

2. 现在有 5 名学生的成绩，每个学生包括语文、数学、英语 3 门课程，成绩列表如下：

张同学：{88，70，90}

王同学：{80，80，60}

李同学：{89，60，85}

赵同学：{80，75，78}

周同学：{70，80，80}

请编写段程序，计算每个学生的总成绩，这 5 名学生组成的小组数学总成绩与数学平均成绩、语文总成绩与语文平均成绩、英语总成绩与英语平均成绩。

第 8 章 指 针

学习目标

知识目标
（1）理解指针类型与指针变量的概念。
（2）掌握指针如何使用数组中的数据。
（3）掌握指针变量作为函数参数的使用。
（4）掌握指针与数组之间的联系及区别。
（5）掌握申请内存与释放内存的方式。

技能目标
（1）掌握指针的定义、使用及指针作为函数参数的功能实现。
（2）能够运用指针变量、简单变量作为函数参数。
（3）能够运用字符数组、字符指针对字符串进行复制、比较。
（4）能够利用指针相关知识编程以解决实际问题。

素质目标
（1）具有自主学习和再学习的能力。
（2）具有认真细致、精益求精的精神。
（3）具有团队协作精神，资源共享的意识。
（4）具有良好的职业道德素养和爱国主义思想。

学习重点、难点

重点
（1）掌握指针与指针变量的引用。
（2）掌握指针作为函数参数的操作及指针的交换。

难点
（1）掌握指针的概念及具体使用。
（2）掌握运用指针进行交换的方法和技巧。
（3）掌握指针和数组在门诊预约中的应用。

案例 1　手术室在哪里

案例导入

临床医学是急病救治过程的重要场所,任何环节的出错都可能导致医疗事故或者病人死亡,医护工作者应具有忠于事实、诚信钻研、严谨、认真的科学精神。某医院的夜班手术室在安排 4 名医生(A~D)值班,手术室的编号分别为 2001~2004(房号),医生可以根据手术室的地址找到各自的手术地点。

对于以上案例描述,如果把手术室看作一个个内存单元,请用 C 语言程序编程找到每个医生对应的地址(房号)。

相关知识

1. 指针的概念

指针是 C 语言提供的一种特殊而又非常重要的数据类型,与其他类型的变量不同,指针变量存储的不是变量,而是变量的地址。因为通过变量的地址可以找到变量所在的存储空间,所以变量的地址指向该变量所在的存储空间,地址是指向该变量的指针。

例如将存储空间视为学生宿舍楼,那么存储单元为宿舍楼中的房间,地址为宿舍中的房间编号,而存储空间中存储的数据就相当于房间中的学生。指针具有以下的优越性:

(1)指针为函数提供修改变量的手段;

(2)指针提供了内存动态分配系统;

(3)指针支持动态数据结构;

(4)指针可以优化子程序的执行效率。

2. 指针变量的定义

1)语法格式

定义指针变量的语法格式为:

变量类型 * 变量名

变量类型定义的是指针指向的数据类型,"*"表示该变量是一个指针变量。"*"运算符放在指针变量前以表示通过指针变量间接访问它所指向的存储单元的目的,"*"称为指针运算符。指针变量也要遵循"先定义,后使用"的原则。

举例说明:

 int *p;

其中"*"表明 p 是一个指针变量,int 表明该指针变量指向一个 int 型数据所在的地址。

2)指针变量初始化

指针变量的赋值有两种方法,一种是接收变量的地址为其赋值,形式如下。

```
int a=3;
int *p;
```

```
P=&a;
```

第二种是与其他指针变量指向同一存储空间,形式如下。

```
int * q
q=p;
```

在第一种方法中"&"是取址运算符,作用是获取变量 a 的地址。还可以在定义的同时为指针变量赋值,形式如下。

```
int a=3;
int *p=&a;
```

3. 指针变量的引用

指针变量的引用,就是根据指针变量中存放的地址,访问该地址对应的变量。访问指针变量所指变量的方式,在指针变量名前添加一个指针运算符"*"即可。

语法格式为:* 指针变量名

举例说明:

```
int a=3;
int *p=&a;
printf("%d\n",*p);   // 输出指针变量指向的地址中存储的数据
```

其中指针 p 指向 int 型变量 a 的地址,*p 表示的是 a 的值,这种访问变量的方法称为间接访问。另外直接访问是直接对变量访问,如直接对 int 型变量 a 进行访问。

```
printf("%d\n",a);
```

案例实现

1. 算法分析

在计算机中,每一个变量都是有地址的,根据地址找到某个变量。将手术室看作内存单元,将每个医生看作变量,在编程实现时,可将手术室地址设置为指针,它们分别指向医生 A~D 各自的手术室,如图 8-1 所示。

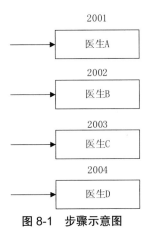

图 8-1　步骤示意图

2. 流程图表达

程序算法流程如图 8-2 所示。

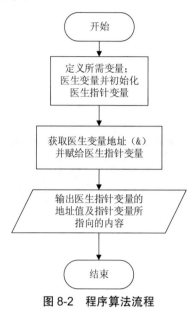

图 8-2　程序算法流程

3. 代码编写

```
#include <stdio.h>                              // 标准输入 / 输出函数头文件
#include <stdlib.h>                             // system() 函数头文件
int main()                                      // 主程序开始
{
    int doctor_A=2001;                          // 定义医生变量, 并初始化为手术室号
    int doctor_B=2002;
    int doctor_C=2003;
    int doctor_D=2004;
    int *address1,*address2,*address3,*address4;   // 定义各医生指针变量以存储
    // 内存地址指针初始化(&), 获取各医生的内存地址并赋给相应指针变量(& 为取地址
    运算符)
    address1=&doctor_A;
    address2=&doctor_B;
    address3=&doctor_C;
    address4=&doctor_D;
    // 引用指针(*), 输出指针变量所指单元的值及对应的内存地址, %x 表示按十六进制输出
    printf(" 医生 A 手术地点 %d 手术室的内存地址是:%x\n", *address1,address1);
    printf(" 医生 B 手术地点 %d 手术室的内存地址是:%x\n",*address2,address2);
    printf(" 医生 C 手术地点 %d 手术室的内存地址是:%x\n",*address3,address3);
    printf(" 医生 D 手术地点 %d 手术室的内存地址是:%x\n", *address4,address4);
```

```
system("pause");// 暂停屏幕,便于观察,按任意键退出
return 0 ;
}
```

4. 程序仿真

"手术室在哪里"程序仿真结果如图 8-3 所示。

图 8-3　程序运行结果

案例延伸

(1)通过案例的学习,我们知道程序编写准备阶段要对解决方案进行规划和梳理。工作过程中,必须要有严谨、认真的态度,同时在生活中要遵守制度和规律,做到对号入座,对不懂的知识要积极寻找解决办法,做一个积极上进的人。

(2)通过案例,我们知道解决问题时要运用方法和技巧,做到思路清晰、过程严谨,合理解决实际问题,所以要善于运用科学的方法进行知识学习。

案例 2　硬币游戏

案例导入

在生活中我们要学会分辨真假,从而锻炼自己处理事情的能力,遇到问题时通过深入的思考,能够得到正确的答案。在学生时代虽然生活单一,但是也有很多小游戏贯穿其中,给平淡的校园生活增添了很多乐趣,其中猜硬币就是这些游戏之一。某个课间,甲和乙一起进行猜硬币的游戏:初始时,甲的左手握着一枚硬币,游戏开始后,甲进行有限次的或真或假的交换,最后由乙来猜测这两只手中是否有硬币,硬币在哪只手中?

小明想要解决硬币问题,需要用 C 语言程序编写程序,实现游戏过程。

相关知识

1. 指针作为函数参数

在 C 语言中,函数调用时实参和形参之间数据的传递原则是单向值传递,即只能由实参传递给形参,而不能由形参传递给实参。指针(地址)作为参数传递,也是单向值传递的,即形参指针不能改变实参指针值(地址)。但由于把实参指针值(地址)传递给了形参指针,

形参指针与实参指针具有相同的地址,此时当形参指针改变其所指向的内存单元中存放的数据时,显然就是改变了实参指针所指向的内存单元中的数据,因为二者指向同一片内存单元,数据改变是同步的。

使用指针作为函数的形参,通过传递地址的方式,可以达到在被调函数中对主调函数中的数据进行操作的目的。而使用普通变量作为函数的形参,不能在被调用函数中对主调函数的数据进行操作,即无法改变实参的值。

本案例使用指针变量作为函数的形参,通过传递地址的方式,使形参和实参都指向主调函数中数据所在地址,从而使被调函数可以对主调函数中的数据进行操作。

2. 指针及数据的交换

根据指针可以获得变量的地址,也可以得到变量的信息,指针交换有两个方面,一是指针指向交换,二是指针所指地址中存储数据的交换。

1)指针指向交换

指针指向的交换同数据的交换类似,要借助一个临时性的辅助指针变量来实现,即先定义一个同类型的辅助指针(temp)记录其中一个指针(p1)原来的指向,然后让该指针(p1)指向另外一个指针(p2),最后另外一个指针(p2)再指向原来的指针(p1)。假设 p1、p2 都是 int 型指针,交换两个指针指向的代码如下所示,示意如图 8-4 所示。

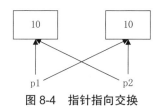

图 8-4　指针指向交换

具体程序编写如下。

```
int *temp;                          /* 定义辅助指针 *temp */
temp=p1;                            /* 辅助指针记录 p1 的指向(赋值)*/
p1=p2;                              /* 指针 p1 记录指针 p2 的指向(赋值)*/
p2=temp;                            /* 指针 p2 再指向 p1 原来的指向(赋值)*/
printf(" 用指针取值:%d \ n",*p);    // 输出指针变量 p 所指向的内存单元中存放的数据
```

2)数据交换

如果要交换指针所指向的内存单元中的数据,可用之前学习的取值运算符"*"取出指针所指向内存单元中的数据。假设 p1、p2 都是 int 型指针,则所指向的数据交换的代码如下,示意如图 8-5 所示。

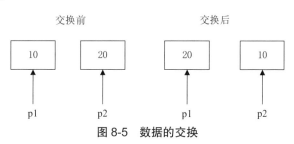

图 8-5　数据的交换

代码实现方法如下。

```
int temp;                    // 定义辅助变量 temp
temp=*p1;                    // 辅助变量记录 p1 指向的内存单元中的数据
*p1=*p2;                     // 取出指针 p2 指向的内存单元中的数据,并放到指针
p1 指向的内存单元
*p2=temp;                    // 将 p1 指向的原来的数据再放回到 p2 指向的内存单元中
printf(" 用指针取值:%d \ n",*p);// 输出指针变量 p 所指向的内存单元中存放的数据
```

案例实现

1. 算法分析

（1）使用基类型的变量作为形参,构造交换函数。

（2）使用指针变量作为形参,在函数体中交换指针的指向。

（3）使用指针作为形参,在函数体中交换指针变量所指内存中储存的数据。

（4）使用随机数生成器确定交换发生的次数,选择每轮要执行的交换方法。

（5）使用 while 循环语句控制交换进行的轮次。

（6）使用 switch 语句根据产生的随机数选择本轮执行的交换方法。

2. 流程图表达

程序算法流程如图 8-6 所示。

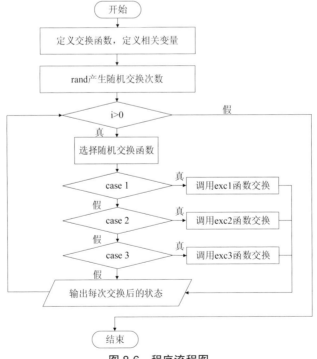

图 8-6　程序流程图

3. 程序编写

```
#include<stdio.h>                          // 标准输入 / 输出函数头文件
#include<stdlib.h>                         // system() 函数头文件
#include<time.h>
void exc1(int l,int r);                    // exc1 函数声明
void exc2(int*l,int*r);                    // exc2 函数声明
void exc3(int*l,int*r);                    // exc3 函数声明
// 使用随机函数获取交换的次数和每次交换所选择的函数
int main()                                 // 主程序开始
{
   int a=0,i=0,j;
   int l=1,r=0;
   srand((unsigned int)time(NULL));
   i=5+(int)(rand()%5);                    // 随机设置交换次数
   j=i;
   printf("a:%d,i:%d\n",a,i);
   printf(" 原始状态：\n");
   printf("l=%d,r=%d\n\n",l,r);
   while(i>0)
   {
       i--;
       a=1+(int)(rand()%3);                // 随机设置交换函数
       switch(a)
       {
           case 1:                         // 选择函数 exc1 进行交换
               exc1(l,r);
               printf("exc1- 第 %d 次交换后的状态 \n",j-i);
               printf("l=%d,r=%d\n\n",l,r);
               break;
           case 2:                         // 选择函数 exc2 进行交换
               exc2(&l,&r);
               printf("exc2- 第 %d 次交换后的状态 \n",j-i);
               printf("l=%d,r=%d\n\n",l,r);
```

```
                break;
        case 3:                        // 选择函数 exc3 进行交换
                exc3(&l,&r);
                printf("exc3- 第 %d 次交换后的状态 \n",j-i);
                printf("l=%d,r=%d\n\n",l,r);
                break;
        }
    }
    return 0;
}
    void exc1(int l,int r)              // 函数定义
{
    int tmp;
    tmp=l;                             // 交换形参的值
      l=r;
      r=tmp;
}
  void exc2(int* l,int* r)             // 函数定义
{
  int* tmp;
  tmp=l;                               // 交换形参的值
    l=r;
    r=tmp;
}
  void exc3(int* l,int* r)             // 函数定义
{
  int tmp;
  tmp=*l;                              // 交换形参的值
    *l=*r;
    *r=tmp;
}
```

4. 程序仿真

程序仿真运行结果如图 8-7 所示。

图 8-7　程序运行结果

案例延伸

（1）案例程序较为复杂，在程序编程前要梳理清楚问题的流程解决和逻辑关系，针对复杂问题要看清事物的本质和核心，养成良好的逻辑思维能力和学习习惯。

（2）硬币游戏也是生活中一项重要的活动，可以锻炼大家的思考能力，促进团队精神的培养，也为枯燥的生活增添了不少的乐趣。

案例 3　田忌赛马

案例导入

《田忌赛马》告诉我们，要在劣势中找到优势，善用自己的长处去应对别人的短处，懂得扬长避短，方能取得胜利。遇到事情可以尝试新的思路，不能墨守成规地做事。假设以马匹的耐力值判断马匹的优劣，利用指针的方式对比两个马匹的耐力值，挑选出优马和劣马。本案例中，使用指向函数的指针与返回指针的函数两种方法实现两个马匹耐力值的比较。

相关知识

1. 指向函数的指针

在 C 程序中，函数名在编译时被视作该函数所在内存区域的入口地址，该入口地址也被称为函数的指针。因此，可以用一个指针变量指向函数，然后通过该指针调用此函数。

（1）定义指向函数的指针变量，语法格式为：

类型名 (* 函数指针变量名)(形参列表)

例如：int (*p)(int a,int b);　　// int 表示被指向函数的返回值的类型

（2）用函数名为指针变量赋值,语法格式为:

函数指针变量名 = 函数名

（3）利用指向函数的指针变量调用函数,语法格式为:

(* 函数指针变量名)(实参列表)

2. 返回指针的函数

函数可以返回整型、实型、字符型等类型的数据,还可以返回地址值,即返回指针。返回值为指针的函数称为返回指针的函数,也称指针型函数。指针型函数在动态链表中经常使用。

定义指针型函数的语法格式如下:

类型名 * 函数名 (形参列表)

{

……   /* 函数体 */

return 地址 ; /* 返回指针（地址）*/

}

例如:

```
int *fun()
{
int n=100;
return &n;/* 返回变量 n 的地址 */
}
```

定义了一个函数 fun,调用它后可返回一个指向整型数据的指针。但这里有一个安全隐患,即 n 是函数 fun 的局部变量,函数调用结束后 n 的内存空间被撤销(并不是销毁数据,而是程序放弃对它的使用权,其他代码可随意使用这个内存空间),如果该内存空间被其他代码占用,即使返回其指针,也不会得到正确的值。因此,在定义返回指针的函数时,形参通常要使用指针,并返回该指针。这样地址来自本函数之外,不再受本函数的影响,安全性得到保障。

案例实现

1. 算法分析

（1）根据案例描述,设计三个函数:一个主函数 main、一个求马匹耐力最大值的函数 max(int a,int b) 和一个返回指针的求马匹耐力最大值的函数 *fun(int a,int b,int *s)。

（2）定义所需变量,a、b 用于存储键盘输入的马匹耐力值,c 用于存储最大值,指向 max 函数的指针 *p,存储 *fun 函数返回值的指针 *q。

（3）利用指向函数的指针调用 max 函数时,先将函数名（入口地址）赋给指针变量 p,即 p=max;然后调用函数并将返回的最大值赋给变量 c,即 c=(*p)(a,b)。

（4）利用返回指针的函数求解耐力最大值,直接调用 fun 函数,将返回的地址赋给指针变量 q,即 q=fun(a,b,q);然后获取 q 指向的值（最大值）并赋给变量 c,即 c=*q。

（5）将两种函数设计的结果输出,同时输出地址,便于观察。

2. 流程图表达

程序算法流程如图 8-8 所示。

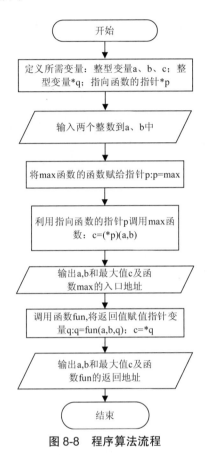

图 8-8　程序算法流程

3. 代码实现

```
#include <stdio.h>              // 标准输入 / 输出函数的头文件
#include <stdlib.h>             //system 函数的头文件
int max(int a,int b);          // 函数声明
int *fun(int *p1,int *p2);     // 函数声明（返回指针的函数）
int main()                     // 主函数开始
 {
  int a,b,c,*q=NULL;           // 定义所需变量
 int (*p)(int a,int b);        // 定义指向函数的指针 p
printf(" 输入两个马匹耐力值（以空格隔开、以回车结束）:");
scanf("%d%d",&a,&b);           // 输入数据
p = max;                       // 将函数 max 赋值给指针 p，p 即获取了函数 max 的入口地址
c = (*p)(a,b);                 // 通过指针调用函数获取最大耐力值
printf(" 指向函数的指针运算结果 :a =%db =%dmax =%d（函数入口地址:%x）\n",a,b,c,p);
```

```
q = fun(&a,&b);            // 调用函数 fun 后,返回一个指针赋值给指针变量 q
c = *q;                    // 取指针 q 指向的数据(最大值)并赋给 c
printf(" 返回指针的函数运算结果 :a =%d  b =%d  max =%d(函数返回地址: %x)
\n",a,b,c,q);
system ("pause");          // 暂停屏幕,便于观察结果,按任意键退出
return 0;
}
int max(int a,int b){      // 定义函数,以便让指针指向 max
if(a>b)
    return a;              // 返回较大耐力值
else
    return b;
}
int *fun(int *p1,int *p2){ // 定义函数,返回一个指针
    if(*p1>*p2)
    return p1;             // 返回较大者的地址(指针)
else
    return p2;
}
```

4. 程序仿真

程序仿真运行结果如图 8-9 所示。

图 8-9　程序仿真结果

案例延伸

(1)理解函数的指针与返回指针的本质,能够理解函数的指针的真正意义,具备一定的逻辑思维能力。

(2)我们要在劣势中找到优势,善用自己的长处去应对别人的短处,懂得扬长避短,方能取得胜利。遇到事情可以尝试新的思路,没必要循规蹈矩。在学习过程中,不仅可以通过量变引起质变,可以通过调整学习方法、改变学习思路进而达到质变,尝试正确的新思路、新方法,往往能够取得事半功倍的效果。

案例 4　门诊预约

案例导入

医院每个科室的医生数量是有限的,且每个医生每天能够接诊的患者量同样是有限的。为了进一步提高服务质量,构建和谐医患关系,多数医院采用在线挂号预约制,以解决患者高峰时段拥挤、等待时间长的问题。但是同一时间段预约的患者就诊顺序并不固定,医院很难将患者与预约次序对应起来,所以需要在门诊预约系统中设计各时段患者的预约登记册。

案例要求编程实现一份基于指针的预约登记册,记录患者的姓名,并能实现患者姓名的输出;预约登记册中的患者姓名由多个字符组成,预约登记册中包含不止一个预约患者。

考虑到患者姓名逐条存储,类似于二维数组的存储形式,但二维数组中的每行每列的字节数相同,若使用二维数组存储,必然会造成空间的浪费。那么该如何解决这个问题呢?在解决问题之前,我们先学习一些新知识。

相关知识

1. 通过指针引用字符串

对字符串记性操作有两种方式。

(1)使用数组名加下标的方式获取字符串中的某个字符;使用数组名与格式控制符"%s"输出整个字符串。例如:

```
char s[]="I am a doctor. ";
printf("%c\n",s[3]);        // 输出字符数组 s 下标为 3 的位置上存储的字符
printf("%s\n",s);           // 通过数组名或者字符串名输出
```

此段代码中的 printf() 对应的输出结果如下。

```
m
I am a doctor.
```

(2)声明一个字符型的指针,使该指针指向一个字符串常量,通过该指针引用字符串常量。具体示例如下。

```
char*s=" I am a doctor. ";
printf(" %c\n",s[3]);       // 通过下标取值法获取字符串中的第 4 个字符并输出
printf(" %c\n",*(s+2));     // 通过指针取值法获取字符串中的第 3 个字符并输出
printf(" %s\n",s);          // 通过首指针获取字符串并输出
```

此段代码中的 printf() 语句对应的输出结果如下。

```
m
a
```

> I am a doctor.

　　需要注意的是,在将指针指向字符串常量时,指针接收的是字符串中第一个字符的地址,而非整个字符串变量。另外虽然字符型的指针和字符数组名都能表示一个字符串,但是它们之间存在细微的差别:字符串的末尾会有一个隐式的结束标志 '\0',而数组中不会存储这个结束标志,只会显示的存储字符串中的可见字符。

2. 指针数组

　　数组有整型数组、字符型数组和有其他基本数据类型的变量组成的数组。指针变量也是 C 语言中的一个变量,因此指针变量也可构成数组,该数组中的每一个元素都存放一个地址。

　　定义一维指针数组的语法格式:

　　类型名 * 数组名 [数组长度];

　　根据上述语法格式,假设要定义一个包含 5 个整型指针的指针数组,其实现如下。

> int *p[8];

　　此条语句定义了一个长度为 8 的指针数组 p,数组中元素的数据类型都是 int*。由于"[]"的优先级高于"*",所以数组名 p 先和"[]"结合,表示这是一个长度为 8 的数组,再与"*"组合,表示该数组中的元素的数据类型都是 int* 型,每个元素都指向一个整型变量。

　　指针数组是一个数组,那么指针数组的数组名是一个地址,它指向该数组中的第一个元素,也就是该数组中存储的第一个地址。指针数组名的实质就是一个指向数组的二级指针,一个单纯的地址没有意义,地址应作为变量的地址存在,所以指针数组中存储的指针应该指向实际的变量。假设现在使用一个字符型的指针数组 a,依次存储如下的多个字符串。

> "I am a doctor. "
> "I am a teacher."
> "I am a student."

　　则该指针数组的定义如下。

> char* a[3]={ "I am a doctor. ", "I am a teacher. ", "I am a student."};

　　根据以上分析可知,数组名指向数组元素,数组元素指向变量,数组名是一个指向指针的指针。数组名、数组元素与数组元素指针指向的数据之间的逻辑关系如图 8-10 所示。

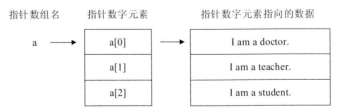

图 8-10　数据之间的逻辑关系

　　指针数组名 a 代表的指针指向指针数组中的第一个元素 a[0] 所在的地址,a+1 即为第二个元素 a[1] 所在的地址,以此类推,a+2 为第三个元素 a[2] 所在地址。

3. 二级指针

一级指针是指向变量的指针,根据该指针找到的数据为普通变量;二级指针是指向指针的指针,根据该指针可找到指向变量的指针。根据二级指针中存放的数据,二级指针可分为指向指针变量的指针和指向指针数组的指针。

1)指向指针变量的指针

定义一个指向指针变量的指针,其格式如下:

变量类型 ** 变量名

假设现有如下定义:

```
int a=10;        // 整型变量
int *p=&a        // 一级指针 p,指向整型变量 a
int **p=q        // 二级指针 q,指向一级指针 p
```

则指针 q 是一个二级指针,其中存储一级指针 p,也就是整型变量 a 的地址。根据运算符的结合性可知,"*"运算符是从右向左结合,所以 **p 相当于 *(*p),其中 *p 相当于一个一级指针变量,若将定义中最左边的"*"运算符与变量类型结合,则以上语句可视为如下形式。

```
int*(*q)=p;
```

此条语句中,*q 表示一个指针变量,而其变量类型 int* 表示该变量指向的仍为一个 int* 型的数据,所以这条语句定义了一个指向指针变量的指针。

2)指向指针数组的指针

假设要定义一个指针 p,使其指向指针数组 a[],则其定义语句如下。

```
char *a[3]={0};
char **p=a;
```

该语句中定义的 p 是指向指针型数据的指针变量,初始时指向指针数组 a 的首元素 a[0],a[0] 为一个指针型的元素,指向一个 char 型数组的首元素,而指针 p 初始值为该元素的地址。

当然若再次定义指向该指针的指针,会得到三级指针。指针本来就是 C 语言中较为难理解的部分,若能掌握指针的精髓,将其充分利用,自然能够提高程序的效率,大大地优化代码,但是指针功能太过强大,若是因指针使用引发错误,很难查找与补救,因此程序中使用较多的一般为一级指针,二级指针使用的频率要远低于一级指针,多重的指针使用的频率更低,这里就不再讲解。

案例实现

1. 算法分析

若将每个患者的姓名视为一个字符数字,则预约登记册中的内容可以视为多个字符数组的集合。若每个病人姓名所占的存储空间都相同,那么登记册可以视为一个二维数组,但实际上,病人姓名字节数可能各不相同。

(1)定义指针数组 char *strArray[]、缓冲数组 char buf[1024]、二级指针 char **pArray 及

相关变量。

（2）采用 while 循环语句和 if 选择语句进行患者姓名输入，并将指针数组中的患者姓名赋值到指针元素指向的空间。

（3）采用 for 循环语句输出患者的名字，并释放数组指针空间。

2. 流程表达式

程序算法流程如图 8-11 所示。

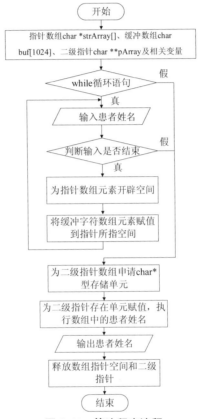

图 8-11　算法程序流程

3. 代码编写

```
#include <stdio.h>              // 标准输入 / 输出函数的头文件
#include <stdlib.h>             //system 函数的头文件
#include<string.h>             // 字符串函数的头文件
int main()                      // 主函数开始
{
    char buf[1024];             // 定义缓冲数组
    char *strArray[1024];       // 定义指针数组
    char **pArray;              // 定义二级指针
    int i,arrayLen=0;
```

```
    printf(" 获取患者姓名,以文字"end"结束:\n");
    while(1)
    {
        scanf("%s",buf);                // 将输入的病人姓名存入缓冲数组
        if(strcmp(buf,"end")==0)        // 判断输入是否结束
        {printf(" 结束输入。\n");
        break;
        }
        strArray[arrayLen]=(char*)malloc(strlen(buf)+1);// 为指针数组中元素开辟空间
        strcpy(strArray[arrayLen],buf);
        arrayLen++;
    }
    pArray=(char**)malloc(sizeof(char*)*arrayLen); // 病人姓名赋值到指针指定空间中
// 为二级指针指向的存储单元一一赋值,使其分别指向指针数组中存储的患者姓名字符
串
    for(i=0;i<arrayLen;i++)
    {*(pArray+i)=strArray[i];
    }
    printf(" 您之前输入的文字:\n");
    for(i=0;i<arrayLen;i++)            // 依据二级指针找到患者姓名字符串并输出
    {printf("%s\n",*(pArray+i));
    }
    for(i=0;i<arrayLen;i++)            // 数组指针空间释放
    {free(strArray[i]);
    }
    free(pArray);                      // 释放二级指针
    return 0;
}
```

4. 程序仿真

程序仿真运行结果如图 8-12 所示。

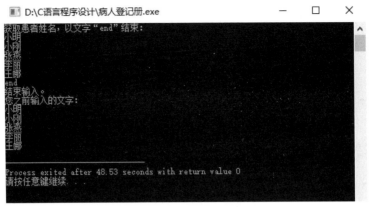

图 8-12　程序运行结果

案例延伸

门诊预约能够进一步提高服务质量,解决患者高峰时段拥挤、等待时间长的问题,是构建和谐医患关系的案例之一,在今后工作岗位上我们要善于思考,培养灵活的思维能力,利用信息化技术和新方法处理所面对的问题。

本章小结

本章节重点学习了 C 语言的一个特殊的数据类型,详细介绍了用指针作为函数参数与用简单变量作为函数参数的不同之处,并介绍了指针与数组之间的关系,通过案例手术室在哪里、硬币游戏、田忌赛马、门诊预约等案例更清晰地讲解了指针、指针函数、指针与数组的关系。

指针的一个重要应用是用指针作为函数参数,为函数提供修改调用的手段。当指针作为函数参数使用时,需要将函数外的某个变量的地址传给函数相应的指针变量。使用指针时要清楚每个指针的指向位置,清楚每个指针指向位置中的内容是什么,一个 a 类型的指针必须指向一个 a 类型的变量的地址,不要使用未初始化的指针。

课后练习

一、选择题

1. 若有定义"int x=0,*p=&x;",则语句"printf("%d\n",*p);"的输出结果是(　　　)。

A. 随机值　　　　　　　B.0　　　　　　　　　C.x 的地址　　　　　　D.p 的地址

2. 以下程序运行后的输出结果是(　　　)。

```
int main()
{
    int a=7,b=8,*p,*q,*r;
```

```
p=&a;q=&b;
r=p;p=q;q=r;
printf("%d,%d,%d,%d\n",*p,*q,a,b);}
```

　A.8,7,8,7　　　　　　　B.7,8,7,8　　　　　　C.8,7,7,8　　　　　　D.7,8,8,7

　3. 设有定义"int n=0,*p=&n,* *q=%p;"，则以下选项中正确的赋值语句是（　　　）。

　A.p=1;　　　　　　B.*q=2;　　　　　　C.q=p;　　　　　　D.*p=5;

　4. 若程序中已包含头文件"stdio.h"，以下选项中正确运用指针变量的程序段是（　　　）。

　A.int * i=NULL;　　　　　　　　B.float*f=NULL;
　　scanf("%d",i);　　　　　　　　　*f=10.5;

　C.chart="m",*c=&t;　　　　　　D.long * L;
　　*c=&t;　　　　　　　　　　　　L=' \0 ';

　5. 已定义以下函数：

　fun (int*p)

　{return *p;}

　该函数的返回值是（　　　）。

　A. 不确定的值　　　　　　　　　B. 形参 p 中存放的值

　C. 形参 p 所指存储单元中的值　　D. 形参 p 的地址值

　6. 以下是引用片段：

```
int main()
{char a,b,c,*d;
a='\';
b='\xbc';
c='\0xab';
d="\017";
printf("%c%c%c\n",a,b,c,*d);}
```

　编译时出现错误，以下叙述中正确的是（　　　）。

　A. 程序中只有 a='\'; 语句不正确　　　B. b='\xbc'; 语句不正确

　C. d="\0127"; 语句不正确　　　　　　D. a='\';"和"c='\0xab'; 语句都不正确

　7. 以下是引用片段：

```
int *f(int *x,int *y)
{if(*x<*y)
    return x;
  else
    return y;
}
int main()
```

```
{
    int a=7,b=8,*p=&a,*q=&b,*r;
    r=f(p,q);
    printf("%d,%d,%d",*p,*q,*r);
}
```

执行后输出结果是（　　　）。

A.7,8,8　　　　　　　B.7,8,7　　　　　　C.8,7,7　　　　　　D.8,7,8

8. 若有说明"int a,b,c,*d=&c;"，则能正确地从键盘读入三个整数并分别赋给变量 a,b,c 的语句是（　　　）。

A.scanf("%d%d%d",&a,&b,d);　　　　　　B.scanf("%d%d%d",&a,&b,&d);

C.scanf("%d%d%d",a,b,d);　　　　　　　D. scanf("%d%d%d",a,b,*d);

9. 若有说明"int i,j=7,*p=&i;"，则与"i=j"等价的语句是（　　　）。

A.i=*p　　　　　　B.*p=*&j　　　　　　C.i=&j;　　　　　　D.i=**p;

10. 设 p1 和 p2 均为指向同一个 int 型一维数组的指针变量，k 为 int 型变量，下列不正确的语句是（　　　）。

A.k=*p1+*p2　　　　B.k=*p1*(*p2)　　　　C.p2=k　　　　　　D.p1=p2

二、编程题

1. 输入一行文字，找出其大写字母、小写字母、空格、数字及其他字符各有多少。

2. 编写函数 slength(char*s), 函数返回指针 s 所指向的字符串的长度。

第9章　结构体和共用体

学习目标

知识目标

(1)掌握结构体数据类型的定义。

(2)掌握结构体类型变量的定义、初始化和引用。

(3)掌握结构体数组和指针的编程。

(4)掌握共用体变量的定义、初始化和引用。

技能目标

(1)能够清晰地理解结构体类型。

(2)能够对结构体类型变量的定义、初始化和引用。

(3)能够利用结构体、共用体编程解决实际问题。

素质目标

(1)具有认真细心、精益求精的学习态度。

(2)具有团队精神和相互学习的能力。

(3)具有良好的职业道德素养和爱国主义情操。

学习重点、难点

重点

(1)掌握结构体数组和指针的编程。

(2)掌握数传递结构体变量和结构体数组。

难点

(1)掌握如何使用结构体定义、初始化。

(2)掌握结构体、共用体占用内存的字节数。

案例 1　药费计算

案例导入

医院作为救死扶伤的重要场所,病人的消费关系到每个家庭的经济问题,因为经济基础决定一个家庭的幸福指数,所以关注病人治疗费用的多少很重要。根据病人的消费情况,计算出科室病人药品消费情况,具体实现过程是将病人的所用药品费用信息输入计算机程序中,计算出该病人所用药品费用的总和,方便病人选择合适的药品。

相关知识

1. 结构体类型的定义

结构体类型是一种构造类型,它是由若干"成员"组成的,每个成员可以是一个基本数据类型或者是一个构造类型。结构体类型的名字是由一个关键字 struct 和结构体名组成。

结构体定义的一般形式如下。

```
struct 结构体类型名
{
  类型说明符 1 成员名 1;
  类型说明符 2 成员名 2;
  ……
  类型说明符 n 成员名 n;
};
```

注意:

(1)struct 是结构体关键字,不能省略。结构体类型名可以省略,成为无名结构体。结构体成员可以是任何基本数据类型,也可以是数组、指针类型;

(2)定义结构体类型的语句要以分号结束,不要遗漏花括号后的分号;

(3)在编译时,系统不对定义的结构体类型分配内存空间;

(4)结构体类型与变量一样,作用范围也有全局和局部之分。

例如:

```
struct  student {
int  number;
char  name[10];
char  gender;
float  score;
};
```

struct 是关键字,是结构体类型的标志。student 为结构体变量名。

2. 结构体变量的定义、初始化和引用

1)结构体变量的定义

(1)先定义结构体类型,再定义结构体变量,语法格式为:

struct 结构体类型的名称 结构体变量名的列表;

(2)在定义结构体类型的同时定义结构体变量,语法格式为:

```
struct 结构体类型的名称
{
    成员表列
} 结构体变量名的列表;
```

（3）直接定义结构体变量,语法格式为:

```
struct
{
    成员表列
} 结构体变量名的列表;
```

　　结构体类型与结构体变量是不同的概念。对变量可赋值、存取或运算,而不能对一个类型赋值、存取或运算。结构体类型中的成员名可以与程序中的变量名相同,但二者不代表同一对象。结构体变量中的成员可以单独使用,相当于普通变量。

　　2）结构体变量的初始化和引用

　　在定义结构体变量后,如果要使用结构体变量的值,需要对结构体变量进行初始化。

　　（1）结构体变量的初始化。

　　语法格式为:

　　struct 结构体类型的名称 结构体变量 = { 初始化数据 };

　　初始化数据项必须是常量或常量表达式,数据项之间用逗号间隔。C 语言编译系统将会依次把它们赋给对应的结构体变量的成员。

　　（2）结构体变量的引用。

　　在程序中引用结构体变量时,只能对结构体变量的成员进行输入、输出或运算,而不能将结构体变量作为一个整体进行输入、输出或参与运算（赋值运算除外）。语法格式为:

　　结构体变量名 . 成员名

　　符号“.”是成员运算符,在所有的运算符中优先级最高。

　　结构体变量的成员可以像普通变量一样进行各种运算。同类的结构体变量可以互相赋值。可以引用结构体变量的成员的地址,也可以引用结构体变量的地址。结构体变量的地址主要用作函数参数,传递结构体变量的地址。

案例实现

1. 算法分析

（1）定义结构体。

（2）输入病人信息。

（3）遍历数组中的元素,累加求和,计算总费用。

2. 流程图表达

程序算法流程如图 9-1 所示。

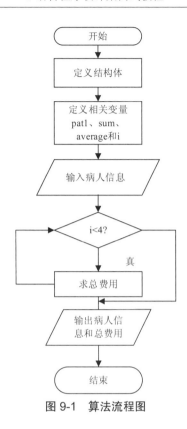

图 9-1　算法流程图

3. 代码实现

```
#include <stdio.h>                          // 标准输入 / 输出函数的头文件
#include <stdlib.h>                         // system() 函数的头文件
struct patient {                            // 定义结构体类型
    int num;
    char name[20];
    char bingchuangname[20];
    float yaopin[8];
};
int main(){                                 // 主函数开始
    struct patient pat1;                     // 定义所需变量
    double sum = 0;
    double average;
    int i;
    printf(" 请输入病人信息：病人编号  姓名  床位  \n");
    scanf("%d",&pat1.num);                   // 向结构体变量中输入数据
    scanf("%s",pat1.name);
    scanf("%s",pat1.bingchuangname);
    printf(" 请输入四种药品的费用 \n");
```

```
for(i=0;i<=3;i++)
{
scanf("%f",&pat1.yaopin[i]);}
for(i=0; i< 4; i++)
{sum+= pat1.yaopin[i];}                  // 求解四种药品的总费用
printf(" 该病人信息为:\n");              // 向屏幕输出病人信息
printf(" 病人编号:%d\n",pat1.num);
printf(" 姓名:%s\n",pat1.name);
printf(" 床位:%s\n",pat1.bingchuangname);
printf(" 药品 1:%.2f\n",pat1.yaopin[0]);
printf(" 药品 2:%.2f\n",pat1.yaopin[1]);
printf(" 药品 3:%.2f\n",pat1.yaopin[2]);
printf(" 药品 4:%.2f\n",pat1.yaopin[3]);
printf(" 总费用:%.2f\n",sum);
system ("pause");                        // 暂停屏幕,便于观察结果,按任意键退出
return 0;
}
```

4. 程序仿真

程序运行结果如图 9-2 所示。

图 9-2　病人费用运行结果

案例延伸

（1）通过案例的学习,我们知道程序编写准备阶段要理清思路。在就医过程中,通过费用计算,选择合适的药品,既能保证治病的效果又能减少家庭经济开销,从而提升家庭的幸福指数。

（2）要根据自身实际情况,合理选择药品种类。

案例 2　记录电话费

案例导入

随着科技发展,手机的各种性能越来越强大,成为日常生活中的必需品,所以合理选择手机的业务套餐很受大家关注,合理开销会对大家的生活质量有一定的促进作用,那么每个月会花费多少钱呢? 输入你和你朋友的姓名、年龄、近 3 个月的话费账单,并输出这些信息,记录一下你们的开销吧。

相关知识

结构体数组是指数组的类型为结构体类型,即数组的每个元素都是该结构体类型的变量。定义结构体数组和定义结构体变量的方式相同。结构体数组的初始化和结构体变量的初始化方法相同,只是每个结构体数组元素的初始化值用"{}"括起来。

下面用结构数组定义一个班级 40 个学生的姓名、性别、年龄和住址。

```
struct {
char name[8];
char sex[2];
int age;
char addr[40];
}student[40];
```

结构数组成员的访问是以数组元素为结构变量的,其形式为:

结构数组元素 . 成员名

例如: student[0].name;　　　　　　student[30].age;

案例实现

1. 算法分析

(1)定义结构体。

(2)循环输入消费者信息。

(3)循环输出消费者信息。

2. 流程图表达

程序算法流程如图 9-3 所示。

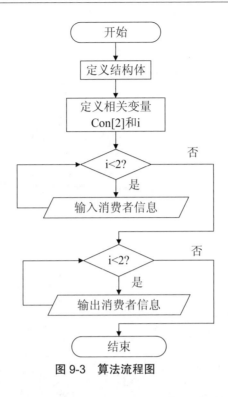

图 9-3 算法流程图

3. 代码编写

```c
#include <stdio.h>        // 标准输入 / 输出函数的头文件
#include <stdlib.h>       // system() 函数的头文件
struct consumer{// 定义结构体类型
    char name[20];
    int age;
    double cost[3];
        };
    int main(){ // 主函数开始
    struct consumer con[2];      // 定义所需变量
    int i;
    for(i=0; i<2; i++){   // 输入数据
        printf(" 请输入第 %d 个消费者信息:姓名、年龄、近三个月的账单 \n",i+1);
        scanf("%s",con[i].name);
        scanf("%d",&con[i].age);
        scanf("%lf%lf%lf",&con[i].cost[0],&con[i].cost[1],&con[i].cost[2]);
    }
    for(i=0;i<2;i++){    // 向屏幕输出结果
        printf(" 第 %d 个消费者的信息为:\n",i+1);
        printf(" 姓名:%s\n",con[i].name);
```

```
        printf(" 年龄:%d\n",con[i].age);
        printf(" 第一个月账单:%lf\n",con[i].cost[0]);
        printf(" 第二个月账单:%lf\n",con[i].cost[1]);
        printf(" 第三个月账单:%lf\n",con[i].cost[2]);
    }
    system ("pause");   // 暂停屏幕,便于观察结果,按任意键退出
    return 0;
}
```

4. 程序仿真

程序仿真运行结果如图 9-4 所示。

图 9-4　运行结果

案例延伸

（1）电话费套餐的选择应该依据个人需求,结合个人经济状况,选择合理的套餐,不要盲目攀比,做到科学理性消费。

（2）手机成为生活的必需品,但是部分学生沉迷于手机游戏、电子小说等,严重影响身体健康、生活、学习及人际交往,应做到合理使用。

案例 3　学生信息输出

案例导入

教师在日常工作过程中需要查询学生信息,由于学生信息统计表中包括学生学号、姓名、班级、学生各科成绩,其数据类型是相同的,所以可以用结构体整合学生信息。本案例要求用指针变量引用结构体变量的成员,输出学生信息。

相关知识

结构体指针就是指向结构体变量的指针,可以对结构体变量进行间接引用。指向结构体变量的指针变量的定义与结构体变量和结构体数组的定义方法类似。

(1)通过结构体指针引用结构体变量的一般形式为:

＊结构体指针变量

(2)通过结构体指针引用结构体变量成员的一般形式为:

结构体指针变量 -> 成员名或(＊结构体指针变量). 成员名

案例实现

1. 算法分析

(1)定义结构体。

(2)定义结构体指针变量。

(3)输出消费者信息。

2. 流程图表达

程序算法流程如图 9-5 所示。

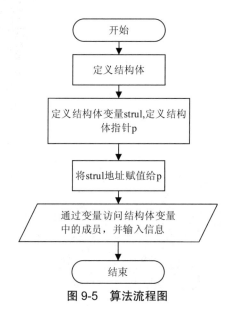

图 9-5　算法流程图

3. 代码编写

```
#include <stdio.h>              // 标准输入 / 输出函数的头文件
#include <stdlib.h>             // system() 函数的头文件
struct student {                // 定义结构体类型
    int num;
    char name[20];
```

```
    char classname[20];
    double grade[4];
};
int main(){                               // 主函数开始
    struct student stu1 = {1962020010," 杨伊欣 "," 医影 2001 班 ",{89,79, 97,84}};// 定义结
构体变量并初始化
    struct student *p = &stu1;          // 定义结构体指针 p 并初始化为指向 stu1 变量
    printf(" 该生信息为:\n");
    printf(" 学号:%d\n",(*p).num);      // 用结构体指针输出学生信息
    printf(" 姓名:%s\n",(*p).name);
    printf(" 班级:%s\n",(*p).classname);
    printf(" 课程 1:%.2f\n",p -> grade[0]);
    printf(" 课程 2:%.2f\n",p -> grade[1]);
    printf(" 课程 3:%.2f\n",p -> grade[2]);
    printf(" 课程 4:%.2f\n",p -> grade[3]);
    system ("pause");                   // 暂停屏幕,便于观察结果,按任意键退出
    return 0;
}
```

4. 程序仿真

程序运行结果如图 9-6 所示。

图 9-6　运行结果

案例延伸

　　本案例采用结构体整合学生信息中不同的数据类型,可实现密切相关的不同数据类型的处理,使其体现出内部关联性。在生活和学习过程中,要将相关的事物整合在一起进行统一处理,能够获得较好的效果。

本章小结

本章主要介绍了结构体和共用体两种自定义数据类型,主要包括类型的声明、类型的重命名,新数据类型变量的定义、初始化、引用。案例更加清晰地说明了结构体和共用体的概念和具体的使用方法和技巧。

课后练习

一、选择题

1. 下列关于 typedef 的叙述错误的是(　　)。

A. 用 typedef 可以增加新类型

B. typedef 只是将已存在的类型用一个新的名字来代表

C. 用 typedef 可以为各种类型说明一个新名,但不能用来为变量说明一个新名

D. 用 typedef 为类型说明一个新名,通常可以增加程序的可读性

2. 以下对结构体类型变量的定义不正确的是(　　)。

```
A. #define STUDENT struct student      B. struct student{
        STUDENT{                               int num;
          int num;                             float age;
          float age;                         }stdl;
        }stdl;

C. struct{                             D. struct{
      int num;                               int num;
        float age;                           float age;
    }stdl;                                  }student;
                                         struct student stdl;
```

3. 以下对结构体变量成员不正确的引用是(　　)。

```
struct pupil{
      char name[20];int age; int sex;
}pup[5],*p=pup;
```

A. scanf("%s ",pup[0].name);　　　　　　B. scanf("%d ",&pup[0].age);

C. scanf("%d ",&(p->sex));　　　　　　　D. scanf("%d ",p->age);

4. 若 int 占 2 个字节,char 占 1 个字节,float 占 4 个字节,且定义如下。

```
struct stu
{
    union{
        char bj[5];
        int bh[2];
```

```
    }
    char xm[8];
    float cj;
}xc;
```
则 sizeof(xc) 的值为（   ）。

A.17   B.20   C.18   D.19

5. 没有定义：

```
union w{
    int a[3];
    float b[4];
    char c[10];
}bb;
```
则"printf("%d\n",sizeof(bb));"的输出是（   ）。

A.6   B.16   C.17   D.32

6. 下列选项中，能定义 s 为合法的结构体变量的是（   ）。

```
A. typedef struct abc{          B. struct{
        double a;                       double a;
        char b[10];                     char b;
    }s;                             }s;
C. struct ABC{                  D. typedef ABC{
        double a;                       double a;
        char b[10];                     char b[10];
}ABC;                           }ABC s;
```

7. 有如下定义。

```
struct person{
    char name[9];
    int age;
};
struct person class[10]={ "John ",17, "Paul ",19, "Mary ",18, "Adam ",16};
```
根据上述定义,能输出字母 M 的语句是（   ）。

A. printf("%c\n ",class[3].name[0]); B. printf("%c\n ",class[3].name[1]);
C. printf("%c\n ",class[2].name[1]); D. printf("%c\n ",class[2].name[0]);

8. 设有如下说明。

```
typedef struct
{
    int n;
    char c;
    double x;
}STD;
```

则以下选项中,能正确定义结构体数组并赋初值的语句是(　　)。

A. STD tt[2]={(1, 'A ',62),{2, 'B ',75}};　　　　B. STD tt[2]={1, "A ",62,2, ' ',75};

C. struct tt2]={{1, 'A '},{2, 'B '}};　　　　　　D. struct tt[2]={{1, "A ",62.5},2, "B ",75.0};

二、编程题

1. 有 10 个学生,每个学生的数据包括学号、姓名和 3 门课的成绩,从键盘输入 10 个学生的数据,要求打印出 3 门课的总平均成绩,以及最高分的学生的数据(包括学号、姓名、3 门课的成绩和平时成绩)。

2. 某部门有职工 10 人,职工信息包括职工号、职工名、性别、年龄、工龄、工资和地址,通过键盘输入信息,输出工资 / 年龄的最大值和最小值的职工信息。

附　录

附录 A　C 语言的关键字

C 语言共有 32 个关键字，如下表所示。

C 语言的关键字

auto	struct	int	double
char	union	return	extern
default	volatile	sizeof	goto
else	break	switch	long
float	const	unsigned	short
if	do	while	static
register	enum	case	typedef
signed	for	continue	void

附录 B　ASCII 码表

ASCII 值	字符	ASCII 值	字符	ASCII 值	字符	ASCII 值	字符
0	NUT	32	(space)	7	BEL	39	'
1	SOH	33	!	8	BS	40	(
2	STX	34	"	9	HT	41	)
3	ETX	35	#	10	LF	42	*
4	EOT	36	$	11	VT	43	+
5	ENQ	37	%	12	FF	44	,
6	ACK	38	&	13	CR	45	—

ASCII 值	字符	ASCII 值	字符	ASCII 值	字符	ASCII 值	字符
14	SO	46	.	71	G	103	g
15	SI	47	/	72	H	104	h
16	DLE	48	0	73	I	105	i
17	DC1	49	1	74	J	106	j
18	DC2	50	2	75	K	107	k
19	DC3	51	3	76	L	108	l
20	DC4	52	4	77	M	109	m
21	NAK	53	5	78	N	110	n
22	SYN	54	6	79	O	111	o
23	TB	55	7	80	P	112	p
24	CAN	56	8	81	Q	113	q
25	EM	57	9	82	R	114	r
26	SUB	58	:	83	S	115	s
27	ESC	59	;	84	T	116	t
28	FS	60	<	85	U	117	u
29	GS	61	=	86	V	118	v
30	RS	62	>	87	W	119	w
31	US	63	?	88	X	120	x
64	@	96	、	89	Y	121	y
65	A	97	a	90	Z	122	z
66	B	98	b	91	[	123	{
67	C	99	c	92	\	124		
68	D	100	d	93	]	125	}
69	E	101	e	94	^	126	～
70	F	102	f	95	-	127	EDL

附录 C　C 语言运算符的优先级与结合性

优先级	运算符	含义	运算类型	结合方向
1	( )	圆括号、函数参数表		自左向右
	[ ]	数组元素下标		
	→	指向结构体成员		
	.	引用结构体成员		
2	!	逻辑非	单目运算符	自右向左
	~	按位取反		
	++ --	自增、自减		
	-	求负		
	*	间接寻址运算符		
	&	取地址运算符		
	（类型表示符）	强制类型转换运算符		
	sizeof	计算字节数运算符		
3	* / %	乘、除、求余	算术运算符	自左向右
4	+ -	加、减		
5	<< >>	左移、右移	位运算	
6	< <=	小于、小于等于	关系运算	
	> >=	大于、大于等于		
7	== !=	等于、不等于		
8	&	按位与	位运算	
9	^	按位异或		
10	|	按位或		
11	&&	逻辑与	逻辑运算	
12	||	逻辑或		
13	? :	条件运算符	三目运算符	
14	=	赋值运算符	双目运算符	自右向左
	+= -= /= %=	复合赋值运算符		
	&= ^=			
	|= <<= >>=			
15	,	逗号运算符	顺序求值运算	自左向右

附录 D　标准 C 库函数

1. 标准输入输出函数

标准输入输出函数原型的说明在 stdio.h 头文件中。

函数名	函数原型说明	函数功能	返回值
printf	int printf(char*fomat,arg_list)	将输出项 arg_list 的值按 format 规定的格式输出到标准输出设备上	成功:输出字符数 失败:EOF
scanf	int scanf(char*fomat,arg_list)	从标准输入设备按 format 规定的格式输入数据到 arg_list 所指内存	成功:输入字符数 失败:EOF
sprintf	int sprint (char*s,char*fomat,arg_list)	功能与 printf 相似,但输出目标为字符串指针所指的内存	成功:输出字符数 失败:EOF
sscanf	int sscanf(char*s,char*fomat,arg_list)	功能与 scanf 相似,但输入源是字符串所指的内存	成功:输入字符数 失败:EOF
fprintf	int fprintf (FILE*fp,char*fomat, arg_list)	功能与 printf 相似,但输出目标为 fp 所指的文件	成功:输出字符数 失败:EOF
fscanf	int fscanf (FILE*fp,char*fomat, arg_list)	功能与 scanf 相似,但输入源是为 fp 所指的文件	成功:输入字符数 失败:EOF
putchar	int putchar(char ch)	输出字符 ch 到标准设备	成功:输出字符数 失败:EOF
getchar	int getchar(char ch)	从标准设备读入一个字符	成功:读入字符数 失败:EOF
getch	int getch()	从标准设备读入一个字符,不会显示在显示器上	
getche	int getche()	从标准设备读入一个字符,能够显示在显示器上	
puts	int puts(char*str)	输出字符串 str 到标准输出设备	成功:输出字符数 失败:EOF
fputc	int fputc(char*ch,FILE*fp)	将字符 ch 输出到 fp 所指文件	成功:输出字符数 失败:EOF
fputs	int fputs(char*str,FILE*fp)	将字符串 str 写到 fp 所指文件	成功:输出数据数 失败:EOF
fgetc	int fgetc(FILE*fp)	从 fp 所指文件读取一个字符	成功:读出的字符 失败:EOF
fgets	int fgets(char*buf,int size,int n,-FILE*fp)	从 fp 所指文件读取一个长度为(n-1)的字符串,存入 buf	成功:输入数据数 失败:EOF

函数名	函数原型说明	函数功能	返回值
fwrite	int fwrite(char*buf,int size,int n,FILE*fp)	从 buf 所指向的 n 个 size 字节输出到 fp 所指文件	成功:写入数据的个数 失败:EOF
函数名	函数原型说明	函数功能	返回值
fread	int fread(char*buf,int size,int n,FILE*fp)	从 fp 指向的文件读取 n 个长度为 size 的数据项,存到 buf	成功:读入数据项的个数 失败:EOF
fopen	*fopen(char*filename,char* -mode)	以 mode 方式打开 filename 文件	成功:文件指针 失败:NULL
fclose	int fclose()	关闭 fp 所指文件,释放文件缓冲区	成功:0 失败:非 0
feof	int feof(FILE*fp)	检查 fp 所指文件的读写位置是否到了文件尾	结束:1 否则:0
fseek	int fseek(FILE*fp,long offset,int fw)	把文件指针移到 fw 所指位置的向后 offset 个字节处,fw 可以为 SEEK_SET 文件开始,SEEK_CUR 当前位置,SEEK_END 文件尾	成功:0 失败:非 0
rewind	void rewind(FILE*fp)	移动 fp 所指向文件的读写位置到开头	无
ftell	long ftell(FILE*fp)	求当前读写位置到开头的字节数	成功:所求字节数 失败:EOF
ferror	int ferror(FILE*fp)	检测读写 fp 所指向的文件有无错误	有错误:1 无错误:EOF
clearerr	void clearerr(FILE*fp)	清除 fp 所指向文件的读写错误	无
remove	int remove(char*filename)	删除指定的文件 filename	成功:0 失败:-1
rename	int rename(char*oldname,char* newname)	把由 oldname 所指的文件名改为由 newname 所指的文件名	成功:0 失败:-1

2. 随机函数

随机函数的原定义在头文件 stdlib.h。

函数名	函数类型说明	函数功能	返回值
rand	int rand(void)	产生 0~32767 的随机整数	随机整数
srand	void srand(unsigned seed)	初始化随机数发生器	无

3. 动态存储分配函数

大部分动态存储分配函数在 stdlib.h 头文件中，但有些编译器是在 malloc.h 头文件中，使用前进行查询确定。

函数名	函数原型说明	函数功能	返回值
malloc	void*malloc(unsigned int size)	分配 size 字节的存储区	成功：分配内存首地址 失败：NULL
calloc	void*calloc(unsigned int n unsigned int size)	分配 n 个连续存储区（每个的大小为 size 字节）	成功：分配内存首地址 失败：NULL
free	void free(void*p)	释放 p 所占的内存区	无
realloc	void*realloc(void*p,unsigned int size)	将 p 所占的已分配内存区的大小改为 size 字节	成功：内存首地址 失败：NULL

4. 类型转换函数

类型转换函数的原定义在头文件 stdlib.h。

函数名	函数类型说明	函数功能	返回值
atof	float atof(char*str)	把由 str 指向的字符串转换为实型	对应的浮点数
atoi	int atoi(char*str)	把由 str 指向的字符串转换为整型	对应的整数
atol	long atol(char*str)	把由 str 指向的字符串转换为长整型	对应的长整数
itoa	char*itoa(int n,char*string,int radix)	把整数转换为字符串	指向字符串指针
labs	long labs(long x)	把长整型取绝对值	取绝对值结果
strtod	double strtod(char*s,char**endptr)	将字符串转换成双精度数	对应的双精度数

5. 时间函数

时间函数的原定义在头文件 time.h。

函数名	函数类型说明	函数功能	返回值
time	time_t time(time_t*timer);	得到时间	返回现在的日历时间，即从一个时间点（1970 年 1 月 1 日 0 时 0 分 0 秒）到现在此时的秒数
clock	clock_t clock(void);	得到处理器时间	这个函数返回从"开启这个程序进程"到"程序中调用 clock() 函数"时之间的 CPU 时钟计时单元（clock tick）数，时钟计时单元的长度为 1 毫秒

6. 数学函数

数学函数中整数取绝对值函数 abs() 在"stdlib.h"头文件，其他都是在"math.h"头文件中说明的。

函数名	函数原型说明	函数功能	返回值	说明
abs	int abs(int x)	求整数的绝对值	计算结果	
fabs	double fabs(double x)	求浮点数的绝对值	计算结果	
exp	double exp (double x)	求 e^x 的值	计算结果	
sqrt	double sqrt (double x)	求 x 的平方根	计算结果	X>0
log	double log (double x)	求自然数对数 lnx 的值	计算结果	
log10	double log10 (double x)	求常用对数 lgx	计算结果	
pow	double pow (double x，double y)	求 x 的 y 次方	计算结果	
fmod	double(double x，double y)	求 x/y 的余数	计算结果	
sin	double sin (double x)	求正弦 sinx 值	计算结果	x 的单位是弧度
cos	double cos (double x)	求余弦 cosx 值	计算结果	
tan	double tan (double x)	求正切 tanx 值	计算结果	
asin	double asin (double x)	求反正弦 $\sin^{-1}x$ 值	计算结果	$x \in [-1,1]$
acos	double acos (double x)	求反余弦 $\cos^{-1}x$ 值	计算结果	
atan	double atan (double x)	求反正切 $\tan^{-1}x$ 值	计算结果	
atan2	double atan2 (double x，double y)	求反正切 $\tan^{-1}x/y$ 值	计算结果	$\|y\|>\|x\|$, $y \neq 0$
sinh	double sinh (double x)	求双曲线正弦函数 sinh(x) 值	计算结果	x 的单位是弧度
cosh	double cosh (double x)	求双曲线余弦函数 cosh(x) 值	计算结果	
tanh	double tanh (double x)	求双曲线正切函数 tanh(x) 值	计算结果	
floor	double floor (double x)	求小于 x 的最大整数	该整数倍的双精度实数	
ceil	double ceil (double x)	求大于 x 的最小整数		

7. 过程控制函数

表中有两个进程函数，原型在 process.h 头文件中。

函数名	函数原型说明	函数功能	返回值
exit	void exit(int status)	终止当前程序，关闭所有文件，清除写缓冲区，status 为 0 表示程序正常结束，为非 0 则表示程序存在错误执行	无
函数名	函数原型说明	函数功能	返回值
system	intsystem(char* command)	将 MSDOS 命令 command 传递给 DOS 执行	成功 :0 失败 : 非 0

8. 字符函数

字符处理函数原型说明在 ctype.h 头文件中。

函数名	函数原型说明	函数功能	返回值
isalpha	int isalpha(int ch)	判断 ch 是否是字母	是：返回非 0 值 不是：返回 0
isalnum	int isalnum(int ch)	判断 ch 是否是字母或数字	
isascii	int isascii(int ch)	判断 ch 是否是 (ASCII 码中的 0~127) 字符	
isdigit	int isdigit(int ch)	判断 ch 是否是数字	
islower	int islower(int ch)	判断 ch 是否是小写字母	
ispunct	int ispunct(int ch)	判断 ch 是否标点字符 (0x00~0x1F)	
isspace	int isspace(int ch)	判断 ch 是否是空格 ('')，水平制表符 ('\t')，回车符 ('\r')，走纸换行 ('\f')，垂直制表符 ('\v')，换行符 ('\n')	
isupper	int isupper(int ch)	判断 ch 是否是大写字母	
isxdigit	int isxdigit(int ch)	判断 ch 是否十六进制树 ('0'~'9'，'A'~'F'，'a'~'f')	
tolower	int tolower(int ch)	若 ch 为大写字母则转换成小写字母，否则不变	相应的小写字母
toupper	int toupper(int ch)	若 ch 为小写字母则转换成大写字母，否则不变	相应的大写字母

9. 目录函数

目录（文件夹）函数的原定义在头文件 dir.h 中。

函数名	函数原型说明	函数功能	返回值
mkdir	int mkdir(char*path)	在指定文件夹中创建一个新的目录（文件夹）path	成功：0 失败：-1
rmdir	int rmdir (char*path)	删除指定的空目录（文件夹）path	成功：0 失败：-1
chdir	int chdir (char *path)	将指定的目录改为当前目录	成功：0 失败：-1

10. 字符串操作数函数

字符串操作数函数原型说明在 string.h 头文件中。

函数名	函数原型说明	函数功能	返回值
strlen	int strlen(char*s)	求字符串 s 的长度	长度值
strcmp	int strcmp(char*s1, char*s2)	比较字符串 s1 和 s2 的大小	s1−s2
strncmp	int strncmp(char*s1, char*s2,int n)	比较字符串 s1 和 s2 的前 n 个字符	
函数名	函数原型说明	函数功能	返回值
strcpy	char strcpy(char*s1, char*s2)	将字符串 s2 复制到 s1	s1
strnicpy	char strnicpy(char*s1, char*s2,int n)	复制 s2 中的前 n 个字符到 s1 中	s1
strcat	char strcat (char*s1, char*s2)	将字符串 s2 复制到 s1 末尾	s1
strncat	char strncat (char*s1, char*s2,int n)	将字符串 s2 中最多 n 个字符复制到 s1 末尾	s1
strchr	char strchr (char*s, int c)	检索字符 c 在字符串 s 中第一次出现的位置	位置
strstr	char strstr (char*s1, char*s2)	检索字符串 s2 中第一次字符串 s1 出现的位置	位置
strpbrk	char strpbrk (char*s1, char*s2)	求字符串 s1 和 s2 中均有的字符个数	字符个数
strrev	char strrev (char*s)	将字符串 s 中的字符全部颠倒顺序重新排列	排列后的字符串
strspn	int strspn(char*s1, char*s2)	扫描字符串 s1 和 s2 中均有的字符个数	均有的字符个数
strupr	char strupr (char*s)	将字符串 s 中的小写字母全部转换成大写字母	转换后的字符串
strlwr	char strlwr (char*s)	将字符串 s 中的大写字母全部转换成小写字母	转换后的字符串

参考文献

[1] 谭浩强 .C 程序设计 [M].4 版 . 北京:清华大学出版社,2010.

[2] 巨春飞,赛炜,左浩 .C 语言程序设计 [M]. 北京:北京邮电大学出版社,2019.

[3] 袁燕,赵军,叶勇,等 .C 语言程序设计 [M]. 重庆:重庆大学出版社,2021.

[4] 黑马程序员 .C 语言程序设计案例式教程 [M]. 北京:人民邮电出版社,2017.

[5] 刘国成 .C 语言程序设计 [M].2 版 . 北京:清华大学出版社,2019.

[6] 张亚玲 .C 语言程序设计 [M]. 北京:高等教育出版社,2019.

[7] 苏小红,孙志岗,陈惠鹏,等 .C 语言大学实用教程 [M].4 版 . 北京:电子工业出版社,2017.